中国花梨家具研究

A STUDY OF CHINESE
ROSEWOOD FURNITURE

高峰 著
Gao Feng

故宫出版社
The Forbidden City Publishing House

图书在版编目（CIP）数据

中国花梨家具研究 / 高峰著. —— 北京：故宫出版
社，2020.6
ISBN 978-7-5134-1301-5

Ⅰ. ①中… Ⅱ. ①高… Ⅲ. ①降香黄檀—木家具—鉴
赏—中国—明清时代 Ⅳ. ①TS666.202

中国版本图书馆CIP数据核字（2020）第090966号

中国花梨家具研究

著　　者：高　峰
英文翻译：齐　玥

出 版 人：王亚民
责任编辑：徐小燕　王　静
装帧设计：王　梓　李秀梅　廖晓婧
出版发行：故宫出版社
　　　　　　地址：北京市东城区景山前街4号　邮编：100009
　　　　　　电话：010-85007800　010-85007817
　　　　　　邮箱：ggcb@culturefc.cn
制　　版：北京印艺启航文化发展有限公司
印　　刷：北京启航东方印刷有限公司
开　　本：889×1194毫米　1/16
印　　张：14.75
字　　数：190千字
图　　版：250幅
版　　次：2020年6月第1版
　　　　　　2020年6月第1次印刷
印　　数：1~2,000册
书　　号：ISBN 978-7-5134-1301-5
定　　价：160.00元

目 录

引　言

　　明代嘉靖、隆庆、万历年间，在经济文化都高度发展的江南地区，新的文化思想突破了传统家具制作观念，开始盛行生产花梨家具。古代文人文化和资本主义的精神性灵，赋予这一家具科学素朴的精神和清新质雅的艺术品格。花梨家具其精丽文儒、端庄洗练的造型，深刻地反映着中国深邃的古代文化传统和木作技艺成就。一经创制，即漫卷中国大地，延绵生产几百年，且登上了中国家具发展的历史顶峰，成为世界家具中一抹亮丽的色彩。史料中记载其家具制作用材的本名为"花梨"，本书沿袭古名，称中国花梨家具研究。

　　"花梨"作为木材的称谓，是在历史岁月的长河中约定俗成的文化名称。正如清式家具制作中广泛使用的"红木"，"红木"强调的是木材的色彩特征；"花梨"凸显的是木材纹理。明代史料中"花梨"与"花梨木"是指向两种不同的木材，花梨木中包含多个品种，其品第存在差异。"花梨"是花榈木的俗称，主要产自我国海南、广东、广西、云南少数民族地区和越南北部，历史上是被达官望族和市民新贵普遍选择使用的一种木材，是明末清初花梨家具生产的原本用材。花梨家具的兴盛除了受社会文化、经济环境影响外，还与明代中期"花梨木"的进口和被作为异木品玩的流行相关联。

"花梨木"是一种与降真香相似的香木料，据宋、元至明中期的史料记载多与进口和朝贡有关，有达官贵族用它来制作家具，但其多数被用以制作小件器物。花梨与花梨木直观感受最重要的区别在于香味，但在中国海南出产的花榈木即俗称"花梨"的木材，却也花纹丰富并带有微香，在记录海南花榈木的史料中可见，其中有一特殊品种被称为"花梨木"。或者通俗点讲，海南"花梨"中有一特殊品种是"花梨木"。花榈木是榈木的一个品类，榈木是中国古老的家具用材。榈木、花榈木、花梨、花梨木之间存在着人文的交织和自然属性的渊源。同一历史时期花梨家具的用材存在多样性，不同历史时期其用材品种更加迥异。历史中的"黄花梨"是用于建筑制造的一种木材，是可做柱、椽木料的一种；在清代乾隆、嘉庆时期史料中记载，橡树被称为花梨。

中国花梨家具文化在历史迭变中覆盖着层层神秘的面纱，本书意欲探讨其文化历史的本源，分别从其产生的历史背景、用材文化溯源、艺术风格、制作工艺、鉴别收藏、分类鉴赏等方面作出系统的阐述。

第一章
中国花梨家具的文化历史

16世纪，亚欧大陆同时出现了资本主义萌芽，此时正值我国明代中后期，资本主义市场经济快速发展，新文化思想不断传播，与海外国家在政治和经济上密切交流，新奇的珍宝香木不断输入我国内地，使中国花梨家具的产生具有了特定的社会环境和物质条件。

以苏州为中心的江南地区是经济文化最为发达的地区之一，也是全国家具的重要产区，加上这一地区优越的自然条件和特殊的人文环境，至明代中叶起，产生了我国家具史上前所未有的变革和进步。尤其是这里集聚了众多的文人墨客、官吏富豪，他们崇尚天然古雅，追求人性自由之思想和风气，从根本上体现了与以往迥然不同的时代精神和审美情趣。他们在渐渐改变千年传承下来的古老漆木家具的同时，努力倡导新颖的以优质硬木为材料的"细木家具"，尤其对当时岭南少数民族地区出产以及进口的花梨、紫檀，格外青睐，情有独钟，让我们看到了至今依然令人百般推崇的明清家具中一朵逸丽的奇葩——中国花梨家具。

花梨家具自诞生之日起，就与明代实用、浪漫的生活情趣联系在一起，渐渐展现了它独特的文化意蕴和不可替代的历史价值。历经200多年的产生、发展和衰落，已成为一种特殊的家具文化现象，并成了中华民族传统文化中不可或缺的珍贵遗产。

一　花梨家具产生的时代背景

（一）明代的海禁开放和商品经济繁荣

明黄省曾在他的《西洋朝贡典录》序言中记述了让时人引以为傲的事实。他说："愚尝读秦汉以来册记，诸国见者颇鲜。至前元号为广拓，而占城、爪哇亦称密迩，迺坚不一屈内款"，"入我圣代，联数十国，翕然而归拱，可谓盛矣"。还说："故惟天方至宣德始通焉。由是明月之珠，鸦鹘之石，沉南龙速之香，麟狮孔翠之奇，梅脑薇露之珍，珊瑚瑶琨之美，皆充舶而归。"[1]

至明末，明周起元为张燮《东西洋考》作序中说："我穆庙时除贩夷之律，于是五方之贾，熙熙水国……其捆载珍奇，故异物不足述，而所贸金钱，岁无虑数十万。公私并赖，其殆天子之南库也。"[2]

明代初年对外实施"宣德怀柔"政策，加强了与东亚、南海以及西域的交流。上述史料说明，占城、爪哇等数十国皆归属大明王朝为封贡国，载着满船珍奇异宝朝贡的盛事，其中有宝珠、林木、禽兽、海产等。同时在民间，封贡国利用朝贡贸易体系与中国建立了商贸往来。而在明代中后期海禁得到开放后，对外贸易更为频繁。通过私人海外的经贸行商，进一步推动了明代中叶以后市场经济的繁荣昌盛，从而使大城市日益繁华，市镇迅速兴起，尤其是江南地区，迅速成为了全国重要的经济中心、文化中心和新兴的商贸中心。

明代时期的厦门湾，是对外贸易的热点地区。宣德年间，福建厦门湾的月港当地已开始出现走私贸易。明代嘉靖年间刊行的《漳平县志》记载："以东南溪河由月港溯回而来者，曰有番货……"[3]同期刊行的《龙溪县志》记载了当时的盛况，说此处"两涯商贾辐辏，一大市镇也"。[4]隆庆元年，明朝在月港建立海澄县；万历年间，这里已是"货物亿万计"，来自海外的商品在海澄县堆积如山。明末崇祯年间刊行的《海澄县志》记载，明代福建进口的海外商品有"花梨木、乌楠木、苏木"等。在上述史料中，还专门记述了来自吴越的商人，所谓"商贾来吴会之遥，货物萃华夷之美"。故当地人说："追惟盛时，八九之都，家习礼乐。市富珍珠，越言吴语，管沸弦鸣。"[5]于是清乾隆年刊行的《海澄县志》中又有这样的描述："成弘之际，称小苏杭者非月港乎？"[6]说明在明代成化弘治年间，月港已成为对外贸易的重要港口。

由此可见，开放海禁后，经济的繁荣，文化的开放，生活水平的提高，人们有条件用优质的木材来生产制造家具。进口木材的贸易带动了中国本地木材的开发，凭借着充足的

[1] [明] 黄省曾著，谢方校注：《西洋朝贡典录》，北京：中华书局，1982 年。

[2] [明] 张燮著，谢方点校：《东西洋考》，北京：中华书局，1981 年。

[3] [明] 曾汝檀纂：[嘉靖]《漳平县志》，上海：上海书店据天一阁藏明嘉靖刻本影印，1990 年。

[4] [明] 刘天授修：[嘉靖]《龙溪县志》，上海：上海古籍书店据天一阁藏明嘉靖刻本影印，1982 年。

[5] [明]梁兆阳修：[明]蔡国祯、张燮等纂：[崇祯]《海澄县志》，北京：北京书目文献出版社据日本东京图书馆藏明崇祯六年刻本影印，1992 年。

[6] [清]邓廷祚等纂：《海澄县志》，台北：成文出版社据清乾隆二十七年刊本影印，1968 年。

优质木材，我国传统家具制造发生了重大变化。以吴地为中心的江南一带，家具制造业早已十分发达，小木作工艺尤为精湛。优质的天然材料，加上人杰地灵的人文环境，所制美器，与江南的湖泊溪水相辉映，同杨柳翠竹相契合，使这些花梨家具的艺术魅力在几百年之后的今天，依然令人赞不绝口。明代海禁开放和经济繁荣，为花梨家具的生产奠定了必要的物质基础。

（二）资本主义萌芽和人文意识觉醒

对外开放和花梨木等优质硬木进入我国的时期，也正是明代社会与资本主义萌芽的商品经济相适应的新文化和新观念迅速成长的年代，是人文意识开始转变的重要历史时期。一方面，封建文化进入沉暮时期；另一方面，明清时期又是资本主义文明启蒙运动的开始，此时中国出现新文化精神与旧文化传统并存，并与之反复较量。明代中期以来社会酝酿着重大的变革，许多具有近代民主进步思想的思想家，或成为儒学的异端，或者以儒学的正宗面目出现。[1] 当时在市民文艺中表现出了日趋世俗的现实主义，而上流阶层则出现反抗伪古典主义的浪漫主义，现实主义与浪漫主义相辅相成。从明嘉靖一直到清乾隆时期，国人在哲学、文学、艺术以及社会思想等方面，都出现了波澜起伏的新潮，文化与思想的进步，人们对物质以及精神等方面的要求和观念产生了深刻的改变。

人文意识的转变推进了明代花梨家具的革新。由于受到了新文化思想的影响，有着几千年深厚传统基础的我国手工制作技艺也由此出现了转机，明以前始终被推崇的传统漆木家具，这时开始发生了新的变化。通过多姿多彩的市井生活的营造，加上文人生活的主张与倡导，这一时期新颖的花梨家具以其独特的形式和面貌很快登上历史舞台，彻底展现出了新文化观念的时代意义和历史价值。

[1] 李泽厚著：《美的历程》，天津：天津社会科学院出版社，2001 年。

（三）江南园林兴建和文人雅室催化

空前繁荣的江南经济，波澜壮阔的文化气象，资产阶级新贵们崇尚文人生活的爱好和旨趣，孕育了花梨家具的文化特色。

自明中至明末的一个多世纪中，来自全国各地的豪商巨贾与苏州当地的富宦文豪一起，热衷于参与设计和兴建私家园林，享受生活。据统计，仅当时苏州一地建园就达260多处，他们竭力将自然和艺术融合于一体，精心打造一个自我的"山水"乐园，着意在诗情画意般的风雅居室中抒发情怀，寻求获得一种理想境界。

大批园林的兴建，直接促进了苏州地区花梨家具制造业的高速发展。园林内的厅堂、斋馆、楼阁、别院等，对于园主来说，皆求各得其所，不同的功能要求都需配置相应的家具和陈设，故这些家具的品种和类别、造型和式样、用材和工艺等，都由他们亲自创意和设计，花梨家具恰好迎合了他们物质生活和精神生活的需求。

明中期，有明人沈周建"有竹居"，唐寅筑"桃花庵"，刘廷美造"寄傲园"；明晚期有文震亨建"香草垞"，徐泰时建"东园"，即"留园"等，[1]均在园林中创建了一处处富有诗情画意的活动场所。他们摆放上自己喜欢的家具，三五种类不等，其中有画桌、圈椅、书柜等，在书房中还往往配有壁桌、花几、绣墩；但各色家具均以灵便为宜，以简为美，以赏心悦目为贵，充分体现了儒雅的爱好和气息，成为他们喜爱的"长物"。故明人沈春泽在《长物志》序中说："室庐有制，贵其爽而倩、古而洁也；花木、水石、禽鱼有经，贵其秀而远、宜而趣也；书画有目，贵其奇而逸、隽而永也；几榻有度，器具有式，位置有眼，贵其精而便、简而裁、巧而自然也"，"夫标榜林壑，品题酒茗，收藏位置图史、杯铛之属，于世为闲事，于身为长物。而品人者，于此观韵焉，才与情焉"。[2] 文人建造园林，希望隐逸在琴棋书画、燕乐吟唱的"城市山林"之中，在休闲的环境里谈古论今、鉴赏

[1] 魏嘉瓒著：《苏州古典园林史》，上海：上海三联书店，2005年。

[2] [明] 文震亨：《长物志》，《四库提要著录丛书》子部第56册，北京：北京出版社据明刻本影印，2010年。

书画，陈设三代铜器，或饮食，或小憩，以求享受天趣自然之怡，感受舒适惬意的人生（**图1-3**）。

中国古人向来自视为宇宙秩序的一分子，追求天人合一的自然和谐，以修身齐家治国平天下为人生追求，重伦理，求和谐，讲究自身的人文素养。明代末年在反对虚伪矫饰和崇尚本真的社会文化背景下，在适应于追求身心自然和谐的苏州园林中，以文人士大夫倡议的传统文化观念和时尚美学，

图 1 明文徵明《浒溪草堂图》卷中的圆机和书桌（上海博物馆藏）

图 2 明文徵明《浒溪草堂图》卷（局部）中的书架

图3 明谢环《杏园雅集图》卷中的长桌、屏榻和扶手椅（镇江博物馆藏）

对中国花梨家具实施审美影响，推陈出新，在中国家具发展中引领了优美、清新、自然和谐的文化理念。从许多流传至今的花梨家具实物来看，它们与文人的清雅生活和超凡脱俗的环境相得益彰，并达到了历史的顶峰。

二　花梨家具的起始兴盛

在明代嘉靖四十四年（1565年）严嵩抄家变卖银价的家具中，我们看到了有"素漆花梨木等凉床，四十张"[1]的记录，这种以"素漆"为描述的凉床，与彩绘填漆、镶嵌等漆木家具不同，素漆体现着中国远古家具的素雅气息，是早期的一种花梨家具形式。

明万历年间，王士性在《广志绎》中说：

> 姑苏人聪慧好古，亦善仿古法为之，书画之临摹，鼎彝之冶淬，能令真赝不辨。又善操海内上下进退之权，苏人以为雅者，则四方随而雅之，俗者，则随而俗之，其赏识品第本精，故物莫能违。又如斋头清玩、几案、床榻，近皆以紫檀、花梨为尚，尚古朴不尚雕镂，即物有雕镂，亦皆商、周、秦、汉之式，海内僻远皆效尤之，此亦嘉、隆、万三朝为盛。[2]

[1] 撰人不详：《天水冰山录》，北京：中华书局，1985年。

[2]［明］王士性著，吕景琳点校：《广志绎》，北京：中华书局，1981年。

[1] [明]文震亨撰:《长物志》,《四库提要著录丛书》子部第56册,北京:北京出版社据明刻本影印,2010年。

[2] [明]范濂著:《云间据目抄》,《笔记小说大观》,上海:进步书局,民国石印本。

这段史料非常清楚地告诉我们,我国家具史上的重大变革,自明代开始,"嘉靖、隆庆、万历以来",由于苏州特殊的政治经济地位和文化底蕴,使这里生产的精致贵重的花梨家具引领了中国家具制造的新时尚。

这种"嘉、隆、万三朝为盛",源于好古雅的江南文人环境中的花梨家具,其以古朴、典雅、精致为特色,广泛受到时人,特别是文人学士的赞赏和青睐。晚明苏州文士文震亨《长物志》云:榻"近有大理石镶者,有退光朱黑漆,中刻竹树,以粉填者,有新螺钿者,大非雅器。他如花楠、紫檀、乌木、花梨,照旧式制成,俱可用"。天然几"以文木如花梨、铁梨、香楠等木为之"。[1]

由于文人的倡导,使得新文化风尚逐渐流行于社会市民阶层。据明末范濂《云间据目抄》记载:

细木家伙,如书桌禅椅之类,余少年曾不一见,民间止用银杏金漆方桌。自莫廷韩与顾宋两公子,用细木数件,亦从吴门购之。隆万以来,虽奴隶快甲之家,皆用细器。而徽之小木匠,争列肆于郡治中,即嫁装杂器,俱属之矣。纨绔豪奢,又以椐木不足贵,凡床厨几桌,皆用花梨、瘿木、乌木、相思木与黄杨木,极其贵巧,动费万钱,亦俗之一靡也。尤可怪者,如皂快偶得居止,即整一小憩,以木板装铺,庭畜盆鱼杂卉,内列细桌拂尘,号称书房,竟不知皂快所读何书也。[2]

这段记录,更为清晰地表明了从漆木家具到细木家具的历史转变,详细具体地描述了各种硬木家具伴随着书房的流行逐渐成为社会时尚,并风靡社会的各个阶层。简洁巧思、朴素浪漫,上流社会推崇花梨、紫檀,民间也制作细木家具,富民又以花梨、相思木、瘿木、黄杨木为贵,花梨家具在当时被所有阶层接受、使用。

在隆庆万历以后,吴门从过去使用"银杏金漆方桌",到多用花梨等木材制作床、橱、几、桌等细木家具,通过江南文人和民间匠师赋予优质木材及其制作的手法,使家具造型和构架、工艺和装饰皆表现出了崭新的面貌；尤其在新文化美学思想的孕育下，以中国细木做家具，展示出鲜明灿烂的光辉。

清初尚新奇大雅，时住广州长寿寺的释大汕（字石濂，东吴僧）在《萝窗小牍》中也有记载："多巧思，以花梨、紫檀、点铜、佳石作椅、桌、屏、柜、盘、盂、杯、碗诸物，往往有新意。持以饷诸当事及士大夫，无不赞赏者。"[1]

简洁质朴的花梨家具从明"嘉隆万三朝"兴起和盛行，之后逐步走向衰落，取而代之的是精工巧琢的清式家具。然而由于花梨家具的独特艺术风格和文化内涵，使它作为一种典型文化风格的家具，至清代几经复兴，沿袭制作和使用。

三　花梨家具用材的文化溯源

（一）花梨的文化内涵

"花梨"一词作为木材名称，是在历史岁月的长河中约定俗成的，这正如清式家具中广泛使用的红木。红木强调的是木材的色彩特征，而花梨凸显的是木材纹理，它是中国明式家具用材中的典型代表。

最早可查出现"花梨"词汇的文献在三国蜀诸葛亮（181－234年）的《奇门遁甲统宗》中，卷之二"八星类神"中有这样的记载：

腾蛇：禀南方之火，为虚耗之神。为人性虚伪而巧诈，为公吏、为妇女，失令为市井人、为奴婢、牙婆。于物为光亮，为丑陋，为歪斜破损，为花梨，为绳索，为蛇。其于事也，为胎产、婚姻、文契、钱货……[2]

奇门遁甲是中国古老的一种术数。腾蛇，禀南方之火，为虚诈之神，性柔而口毒，司惊恐怪异之事，出腾蛇之方主精神恍惚，噩梦惊悸，得奇得门则无妨。由此可知，通俗点讲，这花梨的原本是表达花纹或花里胡哨的意思。

[1] 王世襄著：《明式家具研究》，北京：生活·读书·新知三联书店，2007年。
[2] ［三国蜀］诸葛亮撰：《奇门遁甲统宗》，《故宫珍本丛刊》第427册，海口：海南出版社，2000年。

[1] ［汉］刘歆撰，［晋］葛洪辑：《西京杂记》，《四库全书》第1035册，上海：上海古籍出版社，1987年。

[2] ［宋］碧虚子著：《南华真经章句音义》，《正统道藏》第26册，台北：艺文印书馆，1977年。

[3] ［明］文震亨著：《长物志》，《四库提要著录丛书》子部第56册，北京：北京出版社据明刻本影印，2010年。

[4] ［汉］许慎撰，［清］段玉裁注：《说文解字注》，上海：上海古籍出版社，1988年。

然而，中国古人对花哨木材欣赏的历史，却也由来已久。晋葛洪《西京杂记》中就有西汉中山王为鲁恭王所得"文木"而作的《文木赋》，从中可见古人对文木审美的情动和愉悦。

鲁恭王得文木一枚，伐以为器，意甚玩之。中山王为赋曰："丽木离披，生彼高崖。拂天河而布叶，横日路而摧枝。幼雏羸觳，单雄寡雌。纷纭翔集，嘈嗷鸣啼。载重雪而稍劲风，将等岁于二仪。巧匠不识，王子见知。乃命班尔，载斧伐斯。隐若天崩，豁如地裂。花叶分披，条枝摧折。既剥既刊，见其文章。或如龙盘虎踞，复似鸾集凤翔。青纲紫绶，环璧珪璋。重山累嶂，连波叠浪。奔电屯云，薄雾浓雰。麏宗骥旅，鸡族雉群。蜀绣鸯绵，莲藻芰文。色比金而有裕，质参玉而无分。裁为用器，曲直舒卷。修竹映池，高松植巘。制为乐器，婉转蟠纡，凤将九子，龙导五驹。制为屏风，郁第穹隆。制为杖几，极丽穷美。制为枕案，文章璀璨，彪炳焕汗。制为盘盂，采玩踟蹰。猗欤君子，其乐只且！" [1]

文，象形字，象纹理纵横交错之形。本意花纹，文木即"纹木"。宋《南华真经章句音义》卷之三中说："文木，谓才之美也。" [2] 从上段鲁恭王对文木的描述中，令我们体会到其文理绚丽的灿烂华章。

这备受鲁王喜爱的文木，是否与千年后的花梨是同一种木材？显然无法确定。然而可以称为花梨的木材一定是一种文木。明代文震亨在《长物志》中就说："以文木如花梨、铁梨、香楠等木为之。" [3] 乌木在古代也被称为"乌纹木""乌梨木"。还有被称为"倭梨木"的木材，应该是一种来自日本的富有花纹的木材。用花梨称呼一种木材是在传递木材的纹理特征，这是显然的。

《说文解字》中说："棃：梨果也。各本作果名二字，浅人改也。" [4] 梨同棃，本来是指吃的梨果的，是后来才用于解释木材的。关于"梨木"，在明代还有一段历史记载，明代文学家陆深（1477－1544年）在《蜀都杂抄》中说：

"黎州安抚司内，小厅东有梨树一株，高九丈，围九尺，州人取其枝以接果，岂黎以梨名耶？州人呼为三藏梨，相传为唐僧西游，植黎杖于此，曰化日州治在此。恐非实事。古称黎杖，黎即苜蓿，养之历霜雪，经一二岁，木本修直，生鬼面，可杖，取其经而坚，非梨木也。"[1] 黎州安抚司，今四川汉源。陆深在这里记录的黎州安抚司内经而坚、生鬼面的梨树，可能是生长在四川的花梨，而唐僧西游种植的黎杖于此，这三藏梨的传说，正记录了"黎"字被"梨"字所代替的史实。的确"梨"字，在佛教用语中是经常出现的。如佛教中的常用语"阿阇梨"，来自梵语"ācārya"，它是同义于"和尚""法师"的尊称，均为师范、教授、老师的含义。唐宋时期，随着佛教在中国的兴起和向民间的推广，"梨"字也随教义流传。

至明代兴起的花梨家具，其坚质莹润、绚丽豪奢、简洁雅致、朴实妍巧，成为资产新贵们确立自我尊贵社会地位的标榜。汉时诸葛亮曾在《奇门遁甲统宗》中把"花梨"与"失令为市井人"同归一属，他是否测得千年之后中国会流行起花梨家具？然而无论如何，花梨家具这一时尚，的确是源于民间的力量，它代表了中国明朝资本主义萌芽、市民文艺繁荣时期中国家具的审美趋向。

（二）梳木是中国古老的家具用材

在中国医藏典籍中有一种古老的中医药材——梳木，它最早被记录在晋《广志》中。在唐、宋、元、明、清历代的医学用书中，对此木均有抄记和增补。宋唐慎微在《证类本草》中这样说："梳木，味辛，温，无毒，主破血、血块，冷嗽，并煮汁及热服。出安南及南海。人作床几，似紫檀而色赤，为枕令人头痛，为热故也。《海药》:谨按《广志》云：生安南，及南海山谷，胡人用为床坐，性坚好。主产后恶露冲心，症瘕结气，赤白漏下，并剉煎服之。"[2]

直到今天，在中医治疗中，梳木仍然被沿袭使用。我们

[1]［明］陆深撰：《蜀都杂抄》，《续修四库全书》第 735 册，上海：上海古籍出版社据浙江图书馆藏明刻广百川学海本影印，2002 年。

[2]［宋］唐慎微撰，［宋］曹孝忠校，［宋］寇宗奭衍义：《证类本草》，《四库全书》第 740 册，上海：上海古籍出版社，1987 年。

[1][五代]李珣著,尚志钧辑校:《海药本草》(辑校本),北京:人民卫生出版社,1997年。

[2][唐]魏徵等撰:《隋书》,北京:中华书局,1973年。

[3][唐]李林甫等撰,陈仲夫点校:《唐六典》,北京:中华书局,1992年。

[4][五代]李珣著,尚志钧辑校:《海药本草》(辑校本),北京:人民卫生出版社,1997年。

可以在很多中医的药方中看到桐木的名字。在中医界,桐木这个名字一直是被这样称呼。在宋代,桐木除了在医学中的应用,还被用来制作床儿,颜色赤,即火红色。

桐木在晋代就被用于家具的制造。五代李珣在《海药本草》中就有"谨按《广志》云:生安南,及南海山谷,胡人用为床坐,性坚好"[1]的记录了。《广志》是写于晋代的一本博物志书,它记录了生长于安南及南海山谷的桐木,在1700多年前胡人用来制作家具的史实。由此也可见桐木用于家具制作的历史记载,比其医药记载还要早300多年。

关于南海,《隋书》卷三十一"地理志"中载:

> 南海、交趾,各一都会也,并所处近海,多犀象瑇瑁珠玑,奇异珍玮,故商贾至者,多取富焉。[2]

南海郡,是秦朝至唐朝的行政区划名(指今广东省大部分地区)。秦汉晋时,番禺县地为南海郡治。

此外桐木性坚,似紫檀,是一种品质优越的木材。《唐六典》中载:

> 任所出州土以时而供送焉。其紫檀、桐木、檀香、象牙、翡翠毛、黄婴毛、青虫真珠、紫矿、水银出广州及安南。[3]

桐木与紫檀、檀香、象牙、翡翠毛一起作为贡品,可见这是一种贵重的木材。

值得我们注意的是李珣写《海药本草》中的桐木,除了上述描绘的"生于安南,及南海山谷""胡人用为床坐"的桐木外,还有另一种生长在岭南山谷的栟榈木。明李时珍在《本草纲目》中称为"棕榈"。李珣对这种树木是这样记载的:

> 栟榈木,谨按徐表《南州记》云:生岭南山谷。平,温,主金疮,疗癣,生肌,止血,并宜烧灰使用。其实黄白色,有大毒,不堪服食也。[4]

明李时珍对此木的描述是:

棕榈（宋嘉祐）。释名：栟榈。时珍曰：皮中毛缕如马之骏鬃，故名。椶俗作棕，鬃音同，鬣也。栟音并。

藏器曰：其皮作绳，入水千岁不烂。昔有人开冢得一索，已生根。岭南有桄榔、槟榔、椰子、冬叶、虎散、多罗等木，叶皆与栟榈相类。时珍曰：棕榈，广川甚多，今江南亦种之，最难长。初生叶如……[1]

显然它与"用为床坐"的桐木是两种树。王世襄先生在解释花梨时说："查《本草纲目》有花榈木图，画的完全是棕榈的形状。这却是李时珍搞错了，因为花梨属豆科，与棕榈科相去甚远。可能正是由于上述的误解，所以他才坚持梨必须写作榈。"[2] 其实可能是因为棕榈古名是"栟榈木"，所以人们容易把皮中毛缕如马之鬃的棕榈，与似紫檀而色赤、作床几的榈木相互混淆（**图4**）。

图4 明李时珍金陵本《本草纲目》中的桐木

（三）花榈木是榈木中的一个品类

宋赞宁（919－1002年）撰《宋高僧传》卷三十中有"以花榈木函盛，深藏石室中"[3] 之语；宋王钦若《册府元龟》卷一百六十九中记有两浙贡物"银装花榈木厨，子金排方盘……"[4] 宋梁克家（1128－1187年）《三山志》卷三十七有"有僧号元表，不知何时人，以花榈木函二获盛新华严经八十卷……"[5]

史料中显示宋代以前已有花榈木制作的木函、厨等器具，此外却没有更多的阐述。直到明代，李时珍在《本草纲目》中对花榈木作了最为明确的解释。《本草纲目》是一本中医药典，书中记载了1892种药物，其中374种是李时珍新增加的。对"榈木"一条是这样记录的：

藏器曰："出安南及南海。用作床几，似紫檀而色赤，性坚好。"时珍曰："木性坚，紫红色。亦有花纹者，谓之花榈木，可作器皿、扇骨诸物。"[6]

[1] [明]李时珍撰：《本草纲目》，《四库全书》第774册，上海：上海古籍出版社，1987年。

[2] 王世襄著：《明式家具研究》，北京：生活·读书·新知三联书店，2007年。

[3] [宋]赞宁撰，范祥雍点校：《宋高僧传》，北京：中华书局，1987年。

[4] [宋]王钦若、杨亿等撰：《册府元龟》，《四库全书》第905册，上海：上海古籍出版社，1987年。

[5] [宋]梁克家纂；福建省地方志编纂委员会整理：《三山志：明万历癸丑刊本》，北京：方志出版社，2004年。

[6] [明]李时珍撰：《本草纲目》，《四库全书》第772册，上海：上海古籍出版社，1987年。

[1] [明] 李时珍撰：《本草纲目》，《四库全书》第772册，上海：上海古籍出版社，1987年。

[2] [宋] 赵汝适撰：《诸蕃志》，《四库全书》第594册，上海：上海古籍出版社，1987年。

李时珍对"桐木"一条除作古人的集解外，还补充了花桐木的内容。他指出了花桐木的特点是：木性坚致，紫红色，又有花纹。桐木颜色赤，即火红色，而花桐木颜色紫红，可见相比桐木，花桐木颜色要黑，并且带有花纹。花桐木归属桐木条，李时珍接下来就是讲桐木的气味及主治功效，可见这花桐木是桐木的一个品种。

李时珍在描述花桐木后紧接着说："俗作花梨，误矣。"可见可以制作器皿、扇骨的花桐木在民间被称作"花梨"，李时珍认为这是错误的，因为花桐木与花梨不同。而同在《本草纲目》"果部"第三十一卷中，在讲到桃榔子时引《海槎录》中语：桃榔"其木最重，色类花梨而多纹，番舶用代铁枪，锋芒甚利"。[1] 由此看来，的确还有一种真正被称为花梨的木材。

（四）花梨木是一种与降真香相似的香木料

"花梨木"的名称也出现在宋代，只是花梨木名称比花桐木名称出现的要晚很多年。花梨木一词的出现，与宋代海船贸易、明代商船进口、明代封贡国朝贡等史料记载都有关系，关于它的描写也多同香料一起陈述。因此，这是不同于一般花桐木的又一种木材。

1225年，赵汝适写成《诸蕃志》一书。在"麝香木条"中最早出现了"花梨木"一词："麝香木出占城、真腊，树老仆湮没于土而腐，以熟脱者为上，其气依稀似麝，故谓之麝香。若伐生木取之，则气劲而恶，是为下品。泉人多以为器用，如花梨木之类。"[2] 这段文字中说麝香如果伐生木取之，它的香气强劲、凶，是香之下品，泉州人多使用这种下品的香木制作器皿，就像花梨木的种类。在这条重要史料中，首先出现了花梨木的描述却是如此模糊！我们只能推测花梨木可能是与麝香木相类似，也是一种下品的香木料，可用以制作器皿。

在《诸蕃志》"海南条"中说："四郡凡十一县，悉隶广南西路，环拱黎母山，黎獠蟠踞其中，有生黎、熟黎之别。地多荒田，所种粳稌，不足于食，乃以薯芋杂米作粥糜以取饱，故俗以贸香为业。土产沉香、蓬莱香、鹧鸪斑香、笺香、生香、丁香、槟榔、椰子、吉贝、苧麻、楮皮、赤白藤、花缦、黎幕、青桂木、花梨木、海梅脂……"[1] 獠是当时对古代少数民族的称呼，海南黎族多以贸香为业，此书是宋人记载的当地土产有花梨木的描述。

真正把花梨木描绘清楚的是在明王佐增补的《新增格古要论》中。《格古要论》是明洪武年间在古物收藏和交易背景下的一本鉴别古物真伪和价值的专著。明代中期王佐对此书做了大量的增补，花梨木就是后增的属于"异木论"中的一条：

> 花梨木，出南蕃广东，紫红色，与降真香相似，亦有香。其花有鬼面者可爱，花粗而色淡者低。[2]

在此可确认花梨木果真是一种与降真香相似、有香味的木料，它以有鬼面的花纹为特色，也被写作花黎木。"花黎"其实也有花哨的意思，显然这种文木是符合明代当时的审美观念而备受关注的。

至于与降真香相似，还有史料可查。宋朱辅的《溪蛮丛笑》成书于 12 世纪，他说："鸡骨香：降真，本出南海，今溪洞山僻处亦有，似是而非，劲瘦不甚香，名鸡骨香。"[3] 这似是而非的鸡骨香（降真）是否与"与降真香相似"的花梨木有关呢？降真香又是什么样子呢？明代的戒庵老人给了我们答案。明李诩（1506－1593 年），字原德，号戒庵，晚年以"戒庵老人"自居。其《戒庵老人漫笔》卷三中有这样记载："降真香：柳之怀远产香藤，叶大如掌，多刺，钻蹂绞齿巨材，产多于山林纡萦之处，岁久色微黄，曰藤香。或深藏嶙岏，巨石攫路。人迹不到，霜饕雪虐，积以岁月，皮肉俱烂，赤心如铁，谓之降真香。"[4] 可见降真香有两种，一种描述为"钻蹂绞齿巨材"，多生长在山林崎岖之处，时

[1] [宋] 赵汝适撰：《诸蕃志》，《四库全书》第 594 册，上海：上海古籍出版社，1987 年。

[2] [明] 曹昭撰、[明] 舒敏、王佐增补：《新增格古要论》，《续修四库全书》第 1185 册，上海：上海古籍出版社据辽宁省图书馆藏明刻本影印，2002 年。

[3] [宋] 朱辅撰：《溪蛮丛笑》，北京：中华书局，1991 年。

[4] [明] 李诩撰，魏连科点校：《戒庵老人漫笔》，北京：中华书局，1982 年。

[1] [清] 屈大均撰：《广东新语》，《续修四库全书》第734 册，上海：上海古籍出版社据清康熙水天阁刻本影印，2002 年。

[2] [明] 顾岕撰：《海槎余录》，《顾氏四十家小说》石印本，上海：古今图书局，1914 年。

[3] [宋] 罗濬撰：《宝庆四明志》，《四库全书》第487 册，上海：上海古籍出版社，1987 年。

[4] [元] 王元恭纂修：《至正四明续志》，《续修四库全书》第705 册，上海：上海古籍出版社，2002 年。

间久了颜色微黄。一种描述为"赤心如铁"，深藏在山峰高峻之处，待树木皮肉都烂去后留下火红色的心材，像铁一样坚致。

清屈大均于康熙庚辰年撰写《广东新语》，在"海南文木"一条中说：

> 海南五指之山，为文木渊薮，众香之大都。其地为离，诸植物皆离之木，故多文。又离香而坎臭，故诸木多香。香结于下则枝叶枯于上，有科上槁之象，故欲求名材香块者，必于海之南焉。自儋州至崖千里间，木多杂树，又多树上生树，盖鸟食树子，粪于树枝而生者，巨且合抱，或枝柯伏地下，连理而生。[1]

海南是出香木的地方，自儋州至崖州千里间，木多杂树，又多树上生树。花梨木就是在这种环境中生长的树木。

明人顾岕，江苏苏州人，嘉靖初官儋州时所著《海槎余录》中说：

> 花梨木、鸡翅木、土苏木，皆产于黎山中，取之必由黎人，外人不识路径，不能寻取，黎众亦不相容耳。又产各种香，黎人不解取……其香美恶种数甚多，一由原木质理粗细，非香自为之种别也。[2]

在众香之地，植物连理而生，取花梨木路径只有黎人知道。然而有的香，黎人却不能解取。香味品第的高下，可以说是来自原木质理的粗细，而不仅是香木品种的区别。在热带植物王国里，那是生长繁盛的又一个香木的世界。

最早记载花梨木的宋元史料总与海船贸易联系在一起。宋罗濬《宝庆四明志》记：海南占城西平泉广州船粗色中有花梨木。[3] 元代王元恭《至正四明续志》中记录的"市舶物货粗色"中有花黎木的记载。[4] 四明，元代属庆元路，今浙江宁波，在此书中可见元代对外贸易的情况。明早期到中期，是封贡国进贡的繁盛时期。有关花梨木进贡的史料中，占城（今越南）出现的记录最多，其次还有暹罗（今泰国）等国。如明黄省曾（1490－1540年）在《西洋朝贡典录》中着重记载了明代正德、嘉靖年间南洋各地进贡明朝朝廷的土特产和贡品的历史资料：占城国，"其国在广州之南可二千里。南际真腊、西接交趾"，其贡物有"象牙、犀牛角、犀、孔雀……奇南香、土降香、檀香、柏木、烧辟香、花黎木、乌木、苏木……"明马欢《瀛涯胜览》"暹罗国篇"中载：

> 国西北二百余里，有市镇曰上水，通南，居人无虑，六百家各种番货俱有。黄连香、罗褐连香、降真、沉水，亦有花黎木、白豆蔻……[1]

此外，还有海南的花梨木，在《明实录》卷五百三十四"明神宗实录"中也有记载："须令黎自立里长，轮流出见官府，不用土舍，各官无艺之征，曰丁鹿、曰霜降鹿、曰翠毛、曰沉速香、曰楠板、曰花黎木……"[2]

纵观花梨木的早期史料，花梨木被作为贡品，是珍贵的木材，它有别于花榈木。在市舶货物中归属粗色，有达官贵族以它来制作家具，也用来制作器皿、佛龛等小件器物。如史料中的"金针柄以紫檀花梨木或犀角为之""花梨木方盘""花梨木板拍""花梨木串版""花梨木龛""文具匣……花梨木为之足"等等。在明代，首先由于花梨木器的流行，进而激发了花梨家具的兴盛。

（五）俗称花梨的花榈木是花梨家具的原本用材

宋晁补之（1053－1110年），北宋时期文学家，"苏门四学士"之一。宋熙宁四年（1071年）随父至杭州，著有《七述》，书中有"宝木则花梨美枞，桧柏香檀，阳平阴秘，外泽中坚"。[3]元《居家必用事类全集》"粘书画轴法"中，讲凡粘书画轴头"今人用玉石、象牙，意谓贵重美观，不知为害非轻。高古书画绢素陈烂，有何筋力乘重之物，当用苏木，或柘木花梨为之可也"。[4]元末明初人陶宗仪《南村辍耕录》中云："一界

[1] ［明］马欢撰：《瀛涯胜览》，《续修四库全书》第742册，上海：上海古籍出版社据明刻本影印，2002年。

[2] "中央研究院历史语言研究所"校印本：《明实录》，据北平图书馆红格抄本微卷影印，1962年。

[3] ［宋］晁补之撰：《七述》，《丛书集成续编》第52册，上海：上海书店，1994年。

[4] ［元］无名氏著：《居家必用事类全集》，北京：北京图书馆出版社据朝鲜刻本缩印原书版，下原缺用明刻本补足，出版时间不详。

尺裁版杆贴，一轴头，或金，或玉，或石，或玛瑙、水晶、珊瑚、沉檀、花梨，乌木。"[1] 宋代就有了花梨的名称，晁补之显然在阐述花梨是一种优质木材，元代史料中的花梨也是指可以用作画之轴头的，是一种与玉石、水晶、珊瑚、沉檀相类属的美观奇异的材质，据推断它们可能是指花榈木，或者是有香味的花梨木。

明代李时珍在《本草纲目》中说："花榈木俗作花梨。"虽然他说这是错误的，应该被称"花榈木"，但从另一侧面看，在民间花榈木真的是被称为了"花梨"。《本草纲目》撰成于明万历六年（1578 年），万历二十四年（1596 年）正式刊行，这正是花梨家具兴盛的时期。而同时代的王士性在万历二十五年（1597 年）完成《广志绎》的自序，书中第二卷"两都"讲述了在苏州率先制作花梨家具的故事。在这个记载中看到了俗称"花梨"的描述："姑苏人聪慧好古，亦善仿古法为之……斋头清玩、几案、床榻，近皆以紫檀、花梨为尚。"对于这种"花梨"木材，王士性在《广志绎》第四卷江南诸省"广南所产多珍奇之物"中描绘说：

> 木则有铁力、花梨、紫檀、乌木，铁力，力坚质重，千百年不坏；花梨亚之，赤而有纹；紫檀力脆而色光润，纹理若犀，树身仅拱把，紫檀无香而白檀香。此三物皆出苍梧、郁林山中，粤西人不知用而东人采之。乌木质脆而光理，堪小器具，出琼海。[2]

《广志绎》中内容大多是作者的亲身见闻所记。据此可知，明万历时期制作的花梨家具，使用了"出苍梧、郁林山中"的花梨材是无疑的。对这种花梨是这样描述的：铁力木力坚质重，千百年不坏。花梨仅次于铁力木。颜色赤，有花纹。紫檀力脆而色光润，花梨的致密度要高于紫檀。这就是被俗称为"花梨"的花榈木，它有接近于榈木的火红色，是适宜做家具的木材。明代科学家方以智（1611－1671 年）在《物理小识》中也有"榈木后讹为花梨"的记载。[3]

[1] [元] 陶宗仪撰，王雪玲校点：《南村辍耕录》，沈阳：辽宁教育出版社，1998 年。

[2] [明] 王士性著，吕景琳点校：《广志绎》，北京：中华书局，1981 年。

[3] [明] 方以智撰：《物理小识》《四库提要著录丛书》第 77 册，北京：北京出版社据清康熙三年于藻刻本影印，2010 年。

清李调元（1734－1803 年）辑，名为清初谷应泰（1620－
1690 年）撰的《博物要览》中说得更加明确了：

> 花梨产交、广溪峒，一名花榈树，叶如梨而无花实，木
> 色红紫，而肌理细腻，可作器具、桌、椅、文房诸具。亦有
> 花纹成山水人物鸟兽者，名花梨影木焉。[1]

从明隆庆、万历以来，花梨家具用材被称为"花榈"，
这应该是中国花梨家具起始兴盛之时的原本用材。其特点是
"木色红紫，肌理细腻"，其产地在"交、广溪峒"。"交"是
交趾（今越南），"广"是广东、广西，"溪峒"是指古代西
南少数民族居住的地方。

关于"交广溪峒"，唐刘恂《岭表录异》中记"交、广溪
洞（峒）间，酋长多收蚁卵，淘泽令净，卤以为酱"。[2]《岭
表录异》是了解唐代岭南道物产和民情的文献。溪洞是少数
民族地区。岭南道是唐朝的一个道，治所位于广州，辖境包
括今广东全部、广西大部、云南东南部、越南北部地区（红
河三角洲一带，即安南地区）。宋代以后，越南北部才被分离
出去。谷应泰用"交广"这一古时称呼，也是因他认为，花
榈树的生长区域范围用"交广"这一词语表达应该更为准确，
同时也表示花榈在这一地区自古有之。

这一地区有以蚁卵为酱的风俗，可见这里蚂蚁之多。清
初屈大均《广东新语》讲海南文木时说：

> 亦多铁棃、石梓、香楠、水杪之属，惟地暖少霜雪，松木
> 不生，即生亦质性不坚，脂香液甘，易为白蚁所食，故岭南栋
> 柱檩桷之具，无有以松为用者，亦以多文木故也。[3]

纹理质坚的木材，可以有效地防止被白蚁所食，由此不
难理解，在交广溪峒这多白蚁的地区，生长的树木也会纹多
质坚。由此我们可以进一步探知花榈木的自然成因。

除了交广溪峒，屈大均（1630－1696 年）在《广东新语》
中也为我们明确指出了明末清初制作家具的用材——海南花

[1][清]谷应泰撰：《博物要览》，
《丛书集成初编》，北京：商务
印书馆，1939 年。

[2] [唐] 刘恂撰：《岭表录异》，
《四库全书》第 589 册，上海：
上海古籍出版社，1987 年。

[3][清]屈大均撰：《广东新语》，
《续修四库全书》第 734 册，上
海：上海古籍出版社据清康熙
水天阁刻本影印，2002 年。

桐。相比交广溪峒，这里的花榈木材其木纹更多，还有香味。

> 海南文木，有曰花榈者，色紫红微香，其文有鬼脸者可爱。以多如狸斑，又名花狸。老者文拳曲，嫩者文直。其节花圆晕如钱，大小相错，坚理密致，价尤重。往往寄生树上，黎人方能识取，产文昌陵水者，与降真香相似。
>
> 紫檀……粤人以作小器具，售于天下。花榈稍贱，凡床凡屏案多用之。[1]

与紫檀相比，"花榈稍贱"。这是一条非常清晰地记载海南花榈木的史料。"海南文木"第一条记述的就是花榈木，它紫红色，有微香，有的呈现出可爱的鬼脸纹。老的花榈木纹理蜷曲，嫩的花榈木纹理较直，这里我们进一步看到记述海南出产的用于制作家具的花榈木，并不只是与降真香相似的花梨木，仅仅在个别地区"产文昌陵水者，与降真香相似"。而"有鬼脸者可爱"，有微香者，也并不只是对与降真香相似的花梨木的描述。可见在海南文昌陵水出产这种与降真香相似的花梨木，它是花榈木中的一种。

清李调元在《南越笔记》中引《琼州志》的话："花梨木产崖州、昌化、陵水。"[2]

清光绪三十四年《崖州志》"州属材木"中载：

> 花梨，紫红色，与降真香相似。气最辛香。质坚致，有油格、糠格两种。油格者，不可多得。又《本草拾遗》"榈木出安南，性坚，紫红色，有花纹者，谓之花榈"。即此木也。[3]

这说明花梨木的确是花榈木中的一个特殊品种，或者可通俗理解为花梨木是花梨的一个特殊品种。花梨木是有香味的花榈木，花榈木是有花纹的榈木。李时珍在《本草纲目》中说："木乃植物，五行之一。性有土宜，山谷原隰。肇由气化，爰受形质。乔条苞灌，根叶华实。坚脆美恶，各具太极。色香气味，区辨品类。"[4]这可以代表中国古人区辨植物木性的方法。基于榈木的范畴，由于地理的差异，而形成了品性差异。

[1][清]屈大均撰：《广东新语》，《续修四库全书》第734册，上海：上海古籍出版社据清康熙水天阁刻本影印，2002年。

[2][清]李调元辑：《南越笔记》，北京：中华书局，1985年。

[3][清]张巂、邢定伦、赵以谦纂修，郭沫若点校：《崖州志》，广州：广东人民出版社，1983年。

[4][明]李时珍撰：《本草纲目》，《四库全书》第774册，上海：上海古籍出版社，1987年。

宋代赵汝适在《诸蕃志》"降真香"中说："降真香出三佛齐、阇婆、蓬丰，广东、西诸郡亦有之。气劲而远，能辟邪气。泉人岁除，家无贫富，皆爇之如燔柴。然其直甚廉，以三佛齐者为上，以其气味清远也，一名曰紫藤香。"[1] 李时珍说："俗呼舶上来者为番降。""抑中国者与番降不同乎?""今广东、广西、云南、安南、汉中、施州、永顺、保靖，及占城、暹罗、渤泥、琉球诸番皆有之。"[2] 广东、广西也产降真香，品质不如海运而来的"番降"。古老的桐木被记载出自安南及南海山谷，就是今中国除海南岛外还有广东、广西一带。花桐木是出产在原始山谷之中的桐木。或许花桐木也与降真香有着渊源，只是广东、广西出产的降真香与舶来品有差异，而花梨木正是那从海外进口的、海南文昌陵水产的或许还有广东、广西的与降真香相似的花桐木。

无论是有花纹，或是有香味的花梨木材进入家具历史记载的视野，还是自宋以来人们对这种木材关注和利用的关系，这都是社会经济文化发展的结果。我们从史料分析中知道了明至清初的家具用材有岭南交广（越南、广东、广西）和海南的花桐木，它木色赤而有纹，赤即火红色；木色紫红或紫红纹更多，还有香味。值得我们关注的是直到清代中期，在家具制作史料中没有提及"黄花梨"的名称，对花梨木色的描述也多为紫红色。那么，"黄花梨"的名称是怎么出现的呢?

（六）历史上黄花梨是一种橡木

"黄花梨"这一名称被叫遍大江南北，应该只是近些年的事。随着中国古典家具收藏热的兴起，明清家具受到了更多人的关注和喜爱之后，才被广泛应用并渐渐成为约定俗成的称谓。更具体地说，1985 年 9 月王世襄先生《明式家具珍赏》一书出版以后，黄花梨和黄花梨家具的名称才开始正式应用，并很快地被流传了开来。尤其是在北方地区，以北京为中心的经营古旧家具的商人圈里，都各有说辞。故《明式家具研究》中说是"北京工匠将花梨分为两种"，"一为黄花梨""另

[1] [宋]赵汝适撰：《诸蕃志》，《四库全书》第 594 册，上海：上海古籍出版社，1987 年。
[2] [明]李时珍撰：《本草纲目》，《四库全书》第 774 册，上海：上海古籍出版社，1987 年。

一为花梨"。[1] 其《明式家具珍赏》中对明式家具用材的说明有这样一段文字：

> 黄花梨古无此名，而只有"花梨"，或写作"花榈"。后来冠以"黄"字，主要藉以区别现在还大量用来制造家具的所谓"新花梨"。[2]

黄花梨这一名称被人们所熟悉，是与王世襄先生对明式家具的推广和研究直接联系在一起的。人们之所以几乎把黄花梨家具都当作明式家具，其根本缘由也即在此。他说，今天人们在对明式家具的鉴别、收藏和交易中，为了与清代以后的花梨木家具做出区分，便在明式家具所用的花梨木前加了一个"黄"字。其实在半个多世纪前，德国学者古斯塔夫·艾克的《中国花梨家具图考》一书中就有这一说法。书中在谈到家具的用材时说：

> 从宋朝或甚至更早以来，直到清朝初期，高级花梨木一直是制造日用家具的常用原料。由于同一商业名称内包含了多种不同的种类，这种木材的植物学鉴别问题更为复杂。它包括优美的明代和清初家具的黄花梨；在较晚期，特别是19世纪初叶的简朴家具中常用的、幽暗的褐黄色老花梨；以及实际属于红木群的新花梨。现在在仿制老式家具时采用最后这个名称。[3]

古斯塔夫·艾克把明清家具采用的花梨木区分为了"黄花梨""老花梨""新花梨"三类。划分的依据，竟是不同的历史阶段家具所表现出的风格差异。其目的是想从用材的角度来鉴别明式家具的真伪和具体的制作时期。古斯塔夫·艾克明确认为，在明代和清初或更早时期制造的家具中，使用的是"黄花梨"，也就是说，"黄花梨"是针对明式家具的用材界定的。古斯塔夫·艾克还以两件家具的风格为实例，说老红木"只是在18世纪初期以来才得到广泛应用……"，因为"这较晚期（家具）形式……形成一种与先前黄花梨时代基本不同的风格"。[4] 从而他常常依据家具出现的不同风格、

[1] 王世襄著：《明式家具研究》，北京：生活·读书·新知三联书店，2007年。

[2] 王世襄编著：《明式家具珍赏》，北京：文物出版社，2003年。

[3][4] [德]古斯塔夫·艾克著，薛吟译，陈增弼校审：《中国花梨家具图考》，北京：地震出版社，1991年。

特征，来指出是明式黄花梨家具还是清式花梨木家具，因为它们所采用的木材不同。

古斯塔夫·艾克先生将"老的花梨木家具的木料，无论其颜色深浅，通常都指明是'黄的'，以形容所有真品共有的色泽"，他还告诉大家："这种色调带有如同从金箔反射出来的那种闪闪金光，在木材的光滑表面上洒上一片奇妙的光辉。"为了说明判断明式家具的真品和仿制品在木材上存在的这种区别，他还进一步指出："红木群中的所谓新花梨，通过适当处理，可以作成有些像年久色泽转深的真花梨（黄花梨）。但是，真正黄花梨木的金色光泽和斑纹都无法以人工仿造。"[1] 而王世襄先生也说，黄花梨"颜色从浅黄到紫赤，木质坚实，花纹美好，有香味……它是明及清前期考究家具的主要材料，至清中期很少使用"。[2] 认为这就是产在海南的似降真香的花梨木，即"海南檀"。

毋庸置疑，这些对黄花梨的指认，其意义在于如何界定清初以前的花梨木，但他们却给我们留下更多疑虑，需要做进一步的研究和探讨。

综上所说，都仅是结合古旧家具的遗物，做出了他们自己认为是合理的解释。或作为他们的一种学术研究成果来进行述说，并把使用"黄花梨"这一名称，作为他们在对古旧花梨家具进行鉴别时的经验之谈。

我们从古斯塔夫·艾克和王世襄先生的书里知道了运用"黄花梨"这一名称的初衷，许多人从广义上认识了"黄花梨"，认为这就是明末清初时期制造家具使用的花梨或花梨木。

然而值得我们注意的是，综合前面章节所述，史料中记载的花梨或花梨木，无论是糠格还是油格，虽有"色淡而低"的记录，但它们的颜色多被描述为红紫或紫红色。

莫非黄花梨不被推崇，或者是另一种木材？在此我们不得不把明末范濂《云间据目抄》中的记载再重复一遍：

细木家伙，如书桌禅椅之类，余少年曾不一见，民间止

[1]［德］古斯塔夫·艾克著，薛吟译，陈增弼校审：《中国花梨家具图考》，北京：地震出版社，1991年。
[2] 王世襄著：《明式家具研究》，北京：生活·读书·新知三联书店，2007年。

用银杏金漆方桌。自莫廷韩与顾宋两公子，用细木数件，亦从吴门购之。隆万以来，虽奴隶快甲之家，皆用细器。而徽之小木匠，争列肆于郡治中，即嫁装杂器，俱属之矣。纨绔豪奢，又以梫木不足贵，凡床厨几桌，皆用花梨、瘿木、乌木、相思木与黄杨木，极其贵巧，动费万钱，亦俗之一靡也。尤可怪者，如皂快偶得居止，即整一小憩，以木板装铺，庭蓄盆鱼杂卉，内列细桌拂尘，号称书房，竟不知皂快所读何书也。[1]

在这段重要的历史记录中，有几个名词值得关注："细木家伙""细器""细桌"。"细木家伙"就是细木家具，此段文字中特指"书桌禅椅"。中国古人把家具称为家伙，有伙伴之意，直到民国时期，在很多小说中都是这样的称呼。"细器"是指制作精良的器物，此段中特指"嫁装杂器"。而且为显示豪奢，这些细器"梫木不足贵"，都用花梨、瘿木等来制作；而书房内的"细桌"，应该是说擦拭得干干净净、用细木制作的精致可爱的书桌。这是一段对明末百姓居室用具的情景和当时细木制作流行的记述。

而"细木"这一名词又是从何而来？提到细木材，古人总将其与才尽其用的比喻联系在一起，就像我们现在常说的"做栋梁之才"一样。这样的语言最早可以追溯到唐代，韩愈曾经说："先生曰：'吁，子来前！夫大木为宔，细木为桷。'"[2] 宔，是指房屋的大梁，桷，是方形的椽子。可见细木在中国古建中指向适合做桷的木材。适合做桷的木材应该有怎样的特点？清汤鹏《浮邱子》中载："凡匠审木，大木不为椽，细木不为栋，直木不为轮，曲木不为桷。"[3] 正如《释名》中说："桷，确也，其形细而疏确也。"[4] 适合做桷的细木材应该是质地坚实的木料。可见大木、细木不仅是对人才"量才授官"、各尽其能的比喻，在古代建筑制造中，利用各种木材的性能"施以成室"，从而"各得其宜"。

最早在汉代有用榛的细木来制作藩篱，唐人记载曰："燕近强胡，习作甲胄。秦多细木，善作矜柲。""矜柲"是矛柄。

[1] [明] 范濂著：《云间据目抄》，《笔记小说大观》，上海：进步书局，民国石印本，出版时间不详。

[2] [清] 吴楚材、吴调侯选：《古文观止》，北京：中华书局，1959 年。

[3] [清] 汤鹏撰：《浮邱子》，《续修四库全书》第 952 册，上海：上海古籍出版社据湖北省图书馆藏清同治四年李桓刻本影印，2002 年。

[4] [汉] 刘熙撰：《释名》，《四库全书》第 221 册，上海：上海古籍出版社，1987 年。

此外细木还被记载用作轮之辐,搭盖茅屋以及围栏之用。《十三经注疏校勘记》《尔雅注疏》卷第五释宫中说：桷谓之榱。桷是屋椽的意思。[1] 槌,棒槌,是敲打的用具。细木也应是多个品种的,但坚韧的特性是其共同的特点。

明代隆万时期,民间流行细木家伙,这细木应该就是古代历史所定义了的细木,也就是做桷、做椽使用的木材,或者是做槌子的木材吧。清初屈大均《广东新语》中还有这样的记录：

> 有橡木,分青、黄、白三种,黄者最良,坚而腻,不招虫蛀。有槌子木,一名员子,一名赤棃,橡之别种也。[2]

橡木分为三种,黄色的最为优良,它质地坚而腻,不招虫。还有槌子木,它是区别于橡木的另一个品种,橡木就是明清时期用来制作房屋中的细木。清周凯《厦门志》卷七载：雍正十三年"关税科则"中记载：

> 橡每枝三毫,薄涂板百块,椽头百枝一钱,椽仔、桷仔百枝三分,丈寸板、丈分板、丈厚板百块六钱,丈方板二钱。[3]

从椽、椽头、桷仔这些术语中,的确可看出这是用于建筑的材料。橡木很有可能成为制作细木家具的用材,但它与花梨又有什么关系呢?

清乾嘉时期,龙门派道士刘一明(1734－1821 年)所著道教丛书《道书十二种》中,有这样一句话引起笔者的注意："吾闻深山有木,一名青刚,一名花棃,一名橡树,其名虽三,其实一木。"[4] 宋梁克家《淳熙三山志》中记载了"青刚,叶似石南,木纹如黄杨",[5] 同文中描述石南"叶似枇杷"。清乾嘉时期,橡树的确被称为"花梨"!橡木是古斯塔夫·艾克与王世襄所讲的"黄花梨"吗?在《清实录》光绪二十三年、二十四年中载：

> 吉地宝龛木植漆色,请旨,遵行得旨,著改用黄花梨木,

[1] [清]阮元撰：《十三经注疏校勘记》,《续修四库全书》第 180－183 册,上海：上海古籍出版社据南京图书馆藏清嘉庆阮氏文选楼刻本影印,2002 年。

[2] [清]屈大均撰：《广东新语》,《续修四库全书》第 734 册,上海：上海古籍出版社据清康熙水天阁刻本影印,2002 年。

[3] [清]周凯撰：《厦门志》,玉屏书院道光刻本。

[4] [清]刘一明著：《道书十二种》,北京：中国中医药出版社,1990 年。

[5] [宋]梁克家撰：《淳熙三山志》,《四库全书》第 484 册,上海：上海古籍出版社,1987 年。

[1] [清] 黎湛枝纂，[清] 李端棻辑：《德宗实录》卷四三〇，《清实录》第57册，北京：中华书局，1987年。

[2] [清] 何作猷纂，[清] 李端棻辑：《德宗实录》卷四〇六，《清实录》第57册，北京：中华书局，1987年。

[3] [清] 谢绪璠纂，[清] 钱骏祥辑：《德宗实录》卷四〇七，《清实录》第57册，北京：中华书局，1987年。

[4] [日] 真人元开著，汪向荣校注：《唐大和上东征传》，北京：中华书局，1979年。

[5] [唐] 独孤滔著：《丹方鉴源》，《正统道藏》第32册，台北：艺文印书馆，1977年。

[6] [明] 陆人龙编：《型世言》，《古本小说集成》第182册，上海：上海古籍出版社，1994年。

[7] [明] 无名氏著：《梼杌闲评》，《古本小说集成》，上海：上海古籍出版社，1994年。

[8] [明] 方以智撰：《物理小识》，《四库提要著录丛书》第77册，北京：北京出版社据清康熙三年于藻刻本影印，2010年。

本色罩漆。[1]

菩陀峪万年吉地，大殿木植，除上下檐斗科，仍照原估，谨用南柏木外，其余拟改用黄花梨木，以归一律。[2]

东西配殿，照大殿用黄花梨木色。[3]

在此真正出现黄花梨的名称时，的确它是建筑上用的花梨木。

描述唐代鉴真和尚东渡日本的《唐大和上东征传》中记载：

彼州遭火，寺并被烧，和上受大使请造寺。振州别驾闻和上造寺，即遣诸奴，各令进一椽，三日内一时将来，即构佛殿、讲堂、砖塔。椽木有余；又造释迦丈六佛像。[4]

唐人记录了用椽木在制造佛堂时，将剩余的椽木制作成佛像，可见椽木也是适用于雕刻的木材。想必佛像是金灿灿的，这是否正像古斯塔夫·艾克所描述的黄花梨木材："色调带有如同金箔反射出来的哪种闪闪金光，在木材的光滑表面上洒上一片奇妙的光辉？"唐独孤滔《丹方鉴源》"辨火篇"第二十三中记有"青刚，大有力也，如羊胫者"。[5]这是讲唐代人在炼丹时使用青刚木烧火，这里特指一种貌似"羊胫"的青刚木，火力大，不同于竹火等其他材质。现存的古旧黄花梨家具实物中，的确有这种木质坚实、纹理如卷曲的毛、中无杂色的材质。

明代的小说中，在描写达官贵人府邸如画乐天宫的精丽建筑时有这样的描写："花梨作栋紫檀梁"，[6]"文梓雕梁，花梨裁槛"，[7]分别出自《型世言》和《梼杌闲评》。这里提出了明代建筑中使用花梨。据考证《型世言》成书于明万历三十年之前，而《梼杌闲评》书中所叙之事最晚为明崇祯三年。明代方以智也曾在《物理小识》卷八"案匣"中记："铁力木……粤以作柱，南风天则出水，惟花榈不生虫，然作研匣不宜。"[8]可见明末清初时期，用于家具制作的俗称花梨的花榈，在木材出产的粤地达官贵族也用来建造房屋，其特性是不生虫。屈大均《广东新语》中记述花榈时明确说"凡床凡屏案多用之"，[1] 而同文中对橡木的记载并未说明用于家具制作。众多资料说明，虽然精雅丽舍的房屋建造中也曾用花榈木材，但在明末清初时期，花榈主要用于制作花梨家具。而橡木是房屋建造用材，并非花梨家具制造的主材。那么留存于今的黄花梨家具又会是什么时期的产品呢？

《崇祯长编》是记载明朝末年崇祯年间史事的编年体史书，书中记录了崇祯皇帝倡导崇俭去奢的具体规定：

> 崇俭去奢，宜自朕始……今用铜锡木器，以仿古风。其金银各器，关系典礼者，留用；余尽贮库，以备赏赉……其官绅擅用黄蓝绀盖，士子擅用红紫衣履，并青绢盖者，庶民男女僭用锦绣纻绮，及金玉珠翠衣饰者，俱以违制论。衣袖不许过一尺五寸，器具不许用螺紫檀花梨等物，及铸造金银杯盘。[2]

明代前后共近300年的历史，其中200多年处于经济繁华的盛世，奢华的风俗促进了俗称花梨的花榈木材的运用和花梨家具的发展。然而到明代末年，崇祯皇帝不止一次提倡节俭，诏书天下，明确"器具不许用螺紫檀花梨等物"，进一步说明花梨是珍贵的木材。这些珍稀材质，经过80多年的开发和使用，在明代晚期已大量减少。因此便出现了清朝初年官府征收花梨的历史记载：

> 汤右曾，浙江仁和人。康熙二十七年进士，改庶吉士，授编修。三十五年，充贵州乡试正考官。三十九年四月，拣选编修、检讨为科道，右曾与焉，遂授刑科给事中。十二月，两广总督石琳奏琼州生黎出犯宝亭营，伤害兵丁，由文武各员蒌索起衅。上命侍郎凯音布、学士邵希穆往勘，右曾因疏言："臣阅揭帖，有琼州文武官遣人往黎岗，采取花梨、沉香，滋扰起衅多款。"总督石琳、巡抚萧永藻、提督殷化行平时毫不觉察……[3]

[1][清]屈大均撰：《广东新语》，《续修四库全书》第734册，上海：上海古籍出版社据康熙水天阁刻本影印，2002年。
[2]中国历史研究社编：《崇祯长编》，《中国历史研究资料丛书》，上海：上海书店据神州国光社1951年版复印，1982年。
[3]王钟翰点校：《清史列传》，北京：中华书局，1987年。

[1] [清] 谷应泰撰:《博物要览》，《丛书集成初编》，北京：商务印书馆，1960 年。

[2] [明] 谷泰辑:《博物要览》,，《续修四库全书》第 1186 册，上海：上海古籍出版社据清抄本影印，2002 年。

当社会提倡节俭，木材资源缺乏时，人们就会选用替代的材质。因此，当制作家具的花榈木用材缺乏后，人们便开始使用构建建筑的较差的花梨或花梨木材来制作家具，就是情理之中的事了。

其实还有一条史料值得我们注意。本书前文中曾引用了清李调元辑、国初谷应泰撰的《博物要览》中"花梨木品第"一条，李调元在此书序中说："乃取国初谷应泰《博物要览》一书未刻者刊行于世，仍原名示不敢欺也。"说明他认为他所辑《博物要览》的内容，是清初谷应泰撰写的《博物要览》一书中未刊出的部分。然而查看明末和清初《博物要览》刻本，作者的标注却是明谷泰，成书于明代天启年。那么《博物要览》的作者，是明代谷泰还是清代谷应泰？谷泰生活年代不详。谷应泰为清代著名的史学家，他的生活年代为 1620－1690 年。而《博物要览》序言完成于明天启丙寅年，即 1626 年，因此可以判断，是李调元将《博物要览》的作者明代谷泰，误认为是清代的谷应泰了。

若果真如此，把明谷泰所撰《博物要览》中的两段内容一起来看，便是：

花梨木出产品第：

花梨产交广溪峒，一名花榈树，叶如梨而无花实，木色红紫，而肌理细腻，可作器具、桌、椅文房诸具，亦有花纹成山水人物鸟兽者，名花梨影木焉。[1]

花梨木生广东广西诸处，色有红、紫、黄三色，木理坚细，可亚紫檀，嗅之亦有微香，内中以紫色者为上，红次之，黄为下。又有金丝梨者，乃在紫色之上。最多大树有长至五六丈，大可三四围者，广人不甚重之，多用构屋为椽、柱之用。吴中多用为台、椅、几、榻之类，摩弄久之光采可爱。[2]

上述文字，让我们看到了明代古人对花梨和花梨木这两种名称木材的描述。花梨，即出交广溪峒的花榈树，它木色红紫，肌理细腻，适合用于制作"文房诸具"。

花梨木分紫色、红色、黄色，还有金丝梨。其品第以紫色为上，红色次之，黄色为下。金丝梨又在紫色之上。在广东、广西，花梨木多被作为构屋的椽、柱，而吴中（苏州）人多用来制作台、椅、几、榻，它木理坚细，还有微香。

可见花梨木包含的多个品种都有微香，花梨与花梨木的鲜明区别也在于香味，而其他的木材特点也不尽相同。花梨红紫多纹，肌理细腻，最适宜制做文房中使用的家具和用品，因此它是花梨家具的原本用材。花梨木木理坚细，有香味，因此它适合做构建房屋的柱椽。除有一特殊的品种金丝梨外，以紫色、红色的花梨木为上品。这让我们可以理解为什么在很多史料中，对花梨木的描述都记录为紫红色的原因了。

金丝梨是指木材中含有金丝的一种花梨木。其木材肌理形态应该是在紫色、红色或黄色的花梨木材中带有金丝。由此，我们可以进一步推断为物种杂交的结果，也会形成在紫色、红色或黄色的花梨木材中暗含有金色的光泽，因此才会"摩美久之光采可爱"。即在一定工艺条件下，花梨木家具用材就会泛出金光。这就正如古斯塔夫·艾克所说的："无论颜色深浅"，"这种色调带有如同从金箔反射出来的那种闪闪金光，在木材的光滑表面上洒上一片奇妙的光辉。"[1]这也就是古斯塔夫·艾克和王世襄先生所说的黄花梨。

由于通俗语言的表达，往往会缺少更小的划分范围，比如人们通常在描绘金色时，也会说"金黄色"或者"黄色"，再加上清末史料中有建筑中使用的"黄花梨"名称，古旧家具中有黄花梨用材的家具，所以会形成黄花梨商业用语。通过史料我们知道了黄花梨是明末清初花梨木材中品第最低的，当今被推崇的黄花梨的概念，历史中应该是被描述为金丝花梨或是泛有金光的紫色、红色或者是黄色的花梨木。

其实在留存于今的古旧实物家具中，我们也不乏见到惊艳的紫红色或红紫色的花梨家具，只是近些年来黄花梨名称

[1]［德］古斯塔夫·艾克著，薛吟译，陈增弼校审：《中国花梨家具图考》，北京：地震出版社，1991年。

的使用，使人们对中国花梨家具的理解误读了许多，即认为黄颜色的花梨材质是代表明式家具的正宗，是判断明式家具的标准，而真正品第高、年代早的红紫色花梨家具却没有获得重视。

中国花梨家具经过 100 多年的延续发展，直到红木家具成为清代社会的新宠，其家具的风格也从古雅本真逐步走向了缤纷繁缛，在复古中走向了新的阶段。这时花梨家具的艺术特色也已成为古典，其风格清初人称之为明式。明式家具特有的人文气质在清代依然受到文人士大夫的喜欢，并沿袭制造和使用，在乾隆年的官宦家具中依稀可以看到有花梨家具的记录。

明代到清初的花梨家具，不仅定义了一种材质，而且定义了一种风格，创造出一个家具时代。这就是为什么在中国家具文化现象中，研究者总是不约而同地把家具的木材判断与家具的时代品格联系在一起的原因了。

第二章
中国花梨家具的艺术风格

[1] [明] 陆人龙著：《型世言》，《古本小说集成》第182册，上海：上海古籍出版社，1994年。

[2] [清] 贪梦道人撰：《彭公案》，北京：北京燕山出版社，1996年。

从明至清代早期，花梨家具的艺术品位，如果用一个字来形容的话，那就是一个"雅"字。在明清小说中，多使用陈设花梨桌椅来营造居室的精丽清雅，这样的描写例证不胜枚举。明陆人龙《型世言》中这样描绘：

三间小坐憩，上挂着一幅小单条，一张花梨小几，上供一个古铜瓶，插着几枝时花；侧边小桌上，是一盆细叶菖蒲，中列太湖石。[1]

清贪梦道人《彭公案》中描述：

杨香武看那屋内，东边有名人字画，靠墙的花梨条案上，摆炉瓶三设，头前八仙桌儿一张，两边有太师椅。[2]

从古代留存至今的花梨家具来看，无论是案与桌，还是椅和凳，几乎每种家具的结构、造型、装饰都恰到好处，令人赏心悦目，达到了至善至美的高度。分析这些家具，其艺术风格质朴大方、简约清雅，并以材美工巧的艺术效果，惹人喜爱。花梨家具是在明清时期文人士大夫们的意匠和倡导下，呈现出新的时代特征。它不仅继承了我国古代优秀的民族文化传统，而且在人类加工创造的物质形态上发展创新，在艺术品质上达到了登峰造极的地步。这正是古代文人雅士超凡脱俗意旨和心怡幽静情趣的具体表现，是明朝人文思想情怀在家具中物化的产物 (**图 5-8**)。

一　花梨家具的艺术特色

品鉴花梨家具，不难发现，有的家具在简明素朴的外表下，让人体会到优美材质带来的天趣、舒心的自然美；有的家具在单纯洗练的造型中，让人静静地感受到文人心机的睿智和通灵；有的家具通过运用高超卓越的技艺，展示出遒劲、流畅的线条美，如流动的中国古典音乐一般，

图 5 明杜堇《十八学士图》屏之一中的屏、椅、榻与香几

图 6 明杜堇《十八学士图》屏之二中的屏、椅、凳与棋桌　　　图 7 明杜堇《十八学士图》屏之三中的屏、椅、凳与书桌

图 8 明杜堇《十八学士图》屏之四中的屏、椅、桌、香几、画案、钟架与箱

悠扬起伏，委婉动人；有的家具又以良材精工，配上精美绝伦的木雕点缀装饰，展现着一种东方古国深邃的文化内涵。从一件件花梨家具作品中，无不让我们获得了"素雅""清雅""文雅""典雅"的艺术审美享受，从而在家具的品赏中，为我们带来一种久违的心灵体验，以及对中国传统文化的无比向往与怀念。

（一）朴质之美

几千年以来，中国古代的传统艺术有着一条永恒的定律：所谓"质有余者，不受饰也"。[1] 即朴质的美。中国花梨家具本身所具有的天然坚硬优美的材质，也是人们在长期的实践中，才认识到它所蕴含的文化意义和价值的。这是文人对自然物质赋予的一种文化追求，也是思想在艺术化想象中的一种感性体现。花梨材质质地细腻润滑，色泽绚丽，展现着天然优美的文质肌理，正是明文震亨在《长物志》中一再倡导，称之为"文木"[2] 的木材之一，从而使家具的品质，获得了朴素、简洁、美质的条件和本质属性。

南京博物院收藏的一件明代花梨素牙头画案 (图 9、10)，就是一件至朴至美的实例，我国明式家具研究专家濮安国教授曾评述说：

案面面梃平线压倒棱线，圆腿直足，牙条牙头平直光素，呈狭长形，两侧腿间安直档两根。一足上部刻篆书铭文，可知是明代万历年间苏州制造的细木家具传世实物。画案面心镶铁力木，与花梨木边抹衬映出文木特有的色泽美。此案造型稳健隽永，每个部件的用料尺寸、制作工艺也格外讲究，是文人用具中一件典型的代表作。[3]

该画案依据功能需要，其大小尺度设计精确，案面长、阔、高分别为 143 厘米、75 厘米、82 厘米，与现代人体工程学十分一致。适度的尺寸比例极其符合美的规律，整

[1] ［西汉］刘向著，杨以漟校：《说苑》，北京：中华书局，1985 年。
[2] ［明］文震亨撰：《长物志》，《四库提要著录丛书》第 56 册，北京：北京出版社据明刻本影印，2010 年。
[3] 濮安国著：《明清苏式家具》，北京：故宫出版社，2015 年。

体造型显示出文人特有的不张扬、不霸气的意味和情趣。从此案的腿足粗细与案面边长的对比关系中，可见案腿的润圆雄健和案面的稳健劲挺，都显示出了隽永的平稳感与平和的轻盈感，从而刻画出了书案的精神气质。圆腿与椭圆档的运用，使案桌的木质纹理增添了变化；长方形的造型与圆材构件的结合，更丰富了书案的形式感和造物形态的意匠，进而使书案在质朴之中似蕴含着一种"璀璨文章"。除此之外，书案的腿部刻有诗铭：

　　材美而坚，工朴而妍，假尔为冯，逸我百年。万历乙未元月充庵叟识。

　　诗铭让我们真实地看到了家具主人对它的爱不释手以及与之亲密无间的真情实感。在如此的人主物事中，不能不令我们赞叹古人在家具文化领域中赋予材质的艺术匠心。

　　此画案花梨木色不静不喧，木质纹理若隐若现，案面心板铁力木色深沉而坚致，与花梨边框对比相得益彰。

这样的家具不仅表达了文人的造物理念和生活情趣，更反映了时人心灵物化的真实情怀与寄托。故文人的书房家具以稳健隽永的个性形象，表达了他们在简洁、质朴、坦然之中所营造出的一种优美和安宁。对这种氛围环境的追求，无不凸现古人静心潜读、孤芳自赏的精神与情怀。

几经文人的倡导，花纹自然的"文木"，使明代的硬木家具都获得了文人孜孜以求的美学情趣。这充分表明，我国古代文人对家具的用材已具有一种特殊的文化标准。以用材为标志之一的传统家具文化，给中国传统家具不断增加了新的内容。今天我们一提到花梨家具，就会情不自禁地同"明式家具"联系起来，而且若讲"明式"，似乎唯有花梨和紫檀制造的才是正宗。直到进入现代社会，用材的价值，才成了评判家具十分重要的条件。

在许多明清花梨家具中，除了讲究"文木"之外，在家具中还常镶嵌"文石"，这也是其特色之一。云石分黄章、绿章、黑章，花纹或如行云流水，或似泼墨山水，通过题款铭刻，也是文人学士诗情画意和精神哲理的最好寄言和表达。

（二）清新雅致

纯净清澈的美感特征是花梨家具的又一特色。花梨家具形体部件的组合空灵、巧妙，结构与结构之间、结构与实体外的空间，都有着淋漓尽致的交融与构合，予人一种清雅灵通的审美感受，让人心底里呈现一种宁静。

原中央工艺美术学院收藏的一件清代黄花梨四平式书桌，就可作为实证（**图11**）。此桌面框"打槽嵌板心"，镶平面做，外形呈"方楞出角"形状。面下牙板与面框边缘平齐，浑然一体，形象表现得极其简练、单纯，形体显得十分清雅而优美。桌子高挑的四腿上部由牙板连接，与边抹做三角攒尖，内角处则略呈圆弧状；腿足顺势直下，由上而下渐细，至足端挖出内翻马蹄，如勾勒状。书桌以明确直率的轮廓线与实体的平面，在线面相合的对应中，取得了内外相生、非同一般的造型效果。该桌整体形态在自然和谐的微妙变化中独具匠心，体现出文静清新的艺术特征。

我们还可以看到，此桌由上而下渐细的四腿与足端内翻马蹄的惟妙惟肖，完全是造物主着意设计的造型追求，勾勒的腿足劲挺有力，形式感鲜明。尤其是大胆利用独特的结构方式所获得的形体空间，给人传递出一种似空谷足音的安宁。这种结构实体与自然空间，在淋漓尽致的交融中，渗透出挥之不去的劲健与永恒的生命力。而牙板与腿结合处的自然而圆润的微妙变化，更显示出造物者的灵巧智慧，使此桌呈现出了一种无比温文尔雅的气息。

此桌横向的跨度有效地衬托出了桌腿的高挑和修长，面梃与面下宽阔适度的牙板结合，增强了桌面的视觉平稳感，不仅使腿与面的构合顺理成章，而且加强了书桌的结实和牢固。

图 11 黄花梨四平式书桌（原中央工艺美术学院藏）

这种造型实体和空间的虚实对比，使人感受到了一种内在气脉，直至足部变化而使动感更加活跃。这种被称之为"四平式"的书桌，腿足常常悄然瞬变，足端向内的勾旋，似乎产生出了一种流动的音乐节奏，予人一种轻盈清澈的韵律美。

明人沈春泽为《长物志》作序说："几榻有度，器具有式，位置有眼，贵其精而便，简而裁，巧而自然也。"[1] 而这件黄花梨书桌充分地体现了这种思想理念和生活精神。书房家具自古就融合在文人文化的环境中，房前屋后凿池叠石，种花植树，构成了幽静的庭院。文人使用的书桌，则需要的更是简单洒脱、毫无尘嚣的纯真清雅气息。

（三）隽永娟秀

"明式"运用"线"来塑造和传达造型的式样，成功地构建起了花梨家具别具一格的形体特征，塑造了花梨家具高雅含蓄的架体形象。在花梨家具变幻的线条之中，无不蕴含着一种文化和艺术的属性。线，是中国独特的艺术语言和表现形式，它呈现出的文雅内涵和独特气质，

[1] [明] 文震亨撰：《长物志》，《四库提要著录丛书》第 56 册，北京：北京出版社据明刻本影印，2010 年。

图 12 花梨文椅
（引自濮安国《明清苏式家具》）

[1] 濮安国著：《明清苏式家具》，北京：故宫出版社，2015年。

同样把中国家具塑造得如诗如画，似音乐一样，娓娓动人，隽永委婉，引人入胜。

如一件清代早期的花梨文椅（图12）：

椅座面宽59.5厘米，深48厘米，通高106.2厘米。此椅圆料直脚，腿外圆内方，椅盘框沿大倒棱压边线，藤屉已坏。面框两腿柱间三面安洼堂肚券口，脚牙已失落不存。桥梁式搭脑和扶手均采用套榫，靠背独板，未作任何装饰。通体光素，部件用料尺度合理，造型呈现出流畅隽丽的线条美，是一件清代早期具有代表性的苏式文椅。[1]

文椅的这种式样，据称是当时江南文人最喜欢用的椅子式样，现在我们仍能够感受到这种椅子通体渗透着的文化气息。此椅在精致匀称的框架中安置着宽厚的背板，使整张椅子在轻盈舒适之中，有着一定的稳重与畅达的形体感。无论是S形背板、起洼的券口、前后退让的鹅脖，还是渐细变化的联帮棍以及不出头的桥梁式搭脑，都呈一波三折，线条自然灵动而富有变化。线条在各种转折之处所透出的节律与气韵，无不让人感受到一种流畅和舒展的艺术美。这种椅子也称"四不出头扶手椅"，椅子的搭脑和扶手的两端均不出头，其造型的魅力也就在这闭合框架之中的含蓄和内敛。这种富有艺术形式特征的线条美，散发出了神采奕奕的人文精神和温文儒雅的艺术特色，使外在整体呈现为一种气质，将椅子的形象也呈现出别具一格的造型美。

花梨家具创造性地运用"线"来塑造，表现、传达形体造型的式样，成功地构建起了花梨家具形体独特的艺术语言，使每一款家具在"线"的形象中，呈现出了杰出的艺术性和文化性。在仔细品味中，我们会发现花梨家具中的"线"丰富而多样，同中国传统艺术中的"线"一脉相承，耐人寻味。花梨家具的线主要体现在造型形体的"轮廓线"和构件加工产生的"线脚"上，从而使家具表现出隽永绝伦的线条美。正如这件文椅匀称的比例和委婉的线型，集中体现了花梨家具的风格和特色，充分体现了花梨家具的文化蕴含和文人气质。而这种文化内涵和气质，乃是文人家具的精髓和灵魂。

（四）精美典雅

精湛的雕刻，不但体现精巧和雅致的工艺美，而且使家具显露出瑰丽的神采。特别在花梨家具中美轮美奂的装饰艺术，生动自然，灵巧秀美，恰到好处，无不凝聚着古人的心智和灵性。他们化技艺为神韵，寄物寓心，人们心中的吉祥、意愿和神志、灵气，都被精美的图案和精到的雕刻，融进了家具之中，使花梨家具之美更加丰富。温润、爽朗、绚丽的材质纹理、结构造型，再加上生动高超的装饰点缀，共同构建出花梨家具高贵的典雅之美，使花梨家具成为中国家具的经典之作。

图 13 花梨有束腰圆香几（已流失海外）

如这件清花梨有束腰圆香几（**图13**），通体花梨材质，面起拦水线，面下束腰，四腿膨出，腿的肩部与牙板浅刻如意云纹，三弯式螳螂腿，足端外翻，卷珠搭叶，落于环形托泥之上。

香几的造型和线脚呈现在变化的曲线中，从圆形几面、束腰到圆形托泥，加上 S 型的秀丽腿足，给人们传递着一种圆润自如的姿态美。在线型由上而下、微妙的过渡变化中，穿插了精巧和雅致的装饰雕刻工艺。雕饰的如意、卷珠，部位得当，恰到好处，使香几更显得丰富和精彩。在造型上也成功地凸现出了设计的主旨，体现出了完美灵秀的明式风格和高超的艺术水平。

香几因其功能主要用以陈置炉鼎、焚香祈神而得名。根据使用需要，可临时摆设室内或户外；四面临空而立，或圆或方，都以修长轻盈为特点。尤其是圆香几，多挺秀委婉，形姿优美，具有较高的品位。[1]

[1] 濮安国著:《明清家具鉴赏》，北京：故宫出版社，2012 年。

因此，在时人的精心打造下，香几成为一件件不平凡的明式经典家具，呈现出的是一派古代东方独特的典雅和雍容。让人产生这种典雅感受的还不仅是这种来自明清时代的造型款式，更重要的是这些造型和装饰中积淀着深沉的历史渊源。这些大多在明清之时的家具制作，是继承古老传统思想文化的造物艺术经典。也许由于古代的设计者和制造者都能怀着同样虔诚的信念去创造这样一种造型和形制，才使这类家具获得如此辉煌的成就。

二　花梨家具的艺术品质

在花梨家具盛行的明清之际，谈古论雅，成为一种社会风尚，当时对居室与家具之美的评判更是以雅俗论之。清代李渔在其所著《闲情偶寄》"居室部"中认为"夫房舍与人，欲其相称"，且"盖居室之制，贵精不贵丽，贵新奇大雅，不贵纤巧烂漫"。[1]明文震亨在《长物志》中对桌、案、几、榻的雅与俗，更是作了具体明确的阐述。在书桌的制作中就提倡"中心取阔大，四周厢边，阔仅半寸许，足稍矮而细"的形制，认为"狭长混角"的俗气，而"漆者尤俗"，故而断不可用。家具的装饰只能"略雕云头、如意之类，不可雕龙凤、花草诸俗式"，认为施"金漆"的更是"俗不堪用"。[2]

以上种种阐述，可见古代文人的审美主张。文人墨客对日常使用的家具，总是有着一种特殊的审美趣味和标准，这种趣味来源于文人对生活中美的事物之细腻的体会，更是文人自我内心丰富情感的深切表达。明陈继儒在《太平清话》中说：

> 香令人幽，酒令人远，石令人隽，琴令人寂，茶令人爽，竹令人冷，月令人孤，棋令人闲，杖令人轻，水令人空，雪令人旷，剑令人悲，蒲团令人枯，美人令人怜，僧令人淡，花令人韵，金石鼎彝令人古。[3]

[1]［清］李渔著，江巨荣、卢涛荣校注：《闲情偶寄》，上海：上海古籍出版社，2000年。

[2]［明］文震亨撰：《长物志》，《四库提要著录丛书》第56册，北京：北京出版社据明刻本影印，2010年。

[3]［明］陈继儒撰：《太平清话》，《四库全书存目丛书》第244册，济南：齐鲁书社据明万历绣水沈氏刻宝颜堂秘笈本影印，1995年。

明文震亨在《长物志》中说：

> 高梧古石中，仅一几一榻，令人想见其风致，真令神骨俱冷。故韵士所居，入门便有一种高雅绝俗之趣。[1]

这不仅仅是文人对生活中事物的描绘，而且能感受到文人内心的情感渴求。

朱家溍先生在其《明清室内陈设》一书中讲道：

> 明代第宅的室内陈设也是一派舒朗的风格。[2]

清况周颐在其《蕙风词话》中说：

> 人静帘垂。灯昏香直。窗外芙蓉残叶飒飒作秋声，与砌虫相和答。据梧暝坐，湛怀息机。每一念起，辄设理想排遣之。乃至万缘俱寂，吾心忽莹然开朗如满月……[3]

好一片清静雅致、思绪绵绵的气息，这是文人现实生活的追求，也是文人精神世界的理想境界。由此可见"雅"的审美意境与文人的心境是一致的。这在许多明代的绘画中也表现出同样的感受（**图14、15**）。

总之，这种高尚而非平庸的审美格调，是生活在凡尘世俗中的文人，以丰富的学识净化心灵、完善自身品格从而发自内心的一种超凡脱俗的人文涵养。这种涵养区别于表象的伪装，不是装腔作势，更没有矫揉造作，无论在怎样的生活条件下，它已成为文人情感的要求和心灵的回归。

[1] [明]文震亨撰：《长物志》，《四库提要著录丛书》第56册，北京：北京出版社据明刻本影印，2010年。

[2] 朱家溍编著：《明清室内陈设》，北京：故宫出版社，2004年。

[3] [清]况周颐撰：《蕙风词话》，《续修四库全书》第1735册，上海：上海古籍出版社据上海图书馆藏民国刻惜阴堂丛书本影印，2002年。

图14 明文徵明《真赏斋图》卷中的书架、桌、圆杌与画案（上海博物馆藏）

图 15 明文徵明《林榭煎茶图》卷
（局部）中的书架

司马相如携卓文君，卖车骑，买酒舍，文君当垆涤器，
映带犊鼻裈边；陶渊明方宅十余亩，草屋八九间，丛菊
孤松，有酒便饮，境地两截，要归一致。[1]

可见这都是文人雅士才情真韵的流露，正是这种真
才、真韵、真情在家具制作中的融入，才使得花梨家具
具有了"有度""有式""精而便""简而裁""巧而自然"
的雅的艺术品质。"非有真韵、真才与真情以胜之，其调
弗同也"。[2] 由此，我们也可以理解这些古代文人喜爱备
至、蕴含了文人思想的花梨家具，之所以能长久的耐人
寻味、让人爱不释手的缘由所在了。

[1] [2] [明]文震亨撰：《长物
志》，《四库提要著录丛书》第
56 册，北京：北京出版社据明
刻本影印，2010 年。

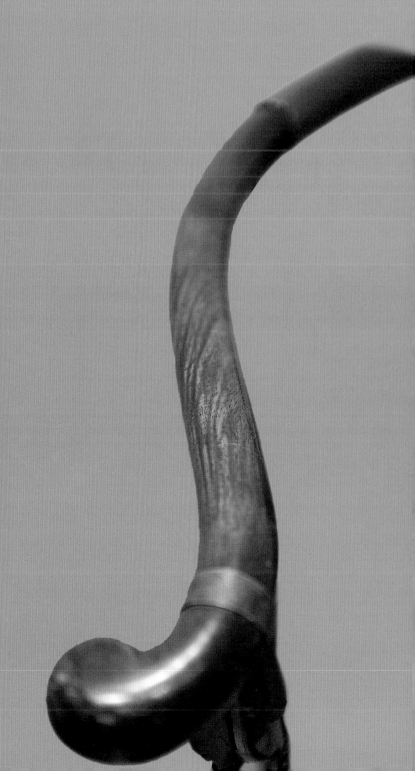

第三章
中国花梨家具的制作工艺

纵观我国家具的发展历史，不仅经历了从低矮家具到高型家具的演化过程，同时还发生了由青铜家具到漆木家具，再到硬木家具的家具材质和制造工艺的改变过程。这是随着人类不断深入地对大自然认识和改造，其物质文明也随之不断获得提升的进程。

我国古人在以花梨以及其他优质硬木为用材的同时，又以精湛卓越的木工工艺形成了它的重要特征，充分展示了中国家具制作技艺的又一高超水平。这里，我们以两件明代制作的衣橱为例，通过传统漆木家具与花梨家具作对照，可以看到明代新兴家具在制作工艺上的鲜明特征。

明代"大明万历年制"款黑漆描金穿莲瑞狮戏球纹立橱（**图16**）是一件在木胎家具上采用传统漆器工艺生产的产品。灰底上髹饰黑色大漆，漆面上通体描绘着绚丽的穿莲瑞狮戏球纹样，华丽粲然，充分显示出几千年来中国传统漆饰工艺的技艺特色。回转曲卷的漆饰图案，使立橱生动地展现出无限的艺术魅力，橱门下设置的"分心"牙板做雕刻点缀，使整件家具呈现华丽富贵的效果，家具木结构部件均被隐藏在这绚丽的外表下面。

相反，另一件清早期花梨圆角橱（**图17、18**），橱的艺术效果几乎完全是依靠木作来完成的。框架形体的横档和立柱、板面和装饰部件，都体现着优秀木作工艺的魅力。门的开启依靠门柱的转动，橱门面板光洁、平整的精致处理，表现出了优质

图 16 黑漆描金穿莲瑞狮戏球纹立橱

图 17 花梨圆角橱
（苏州园林博物馆藏）

56

花梨材质的天然纹理；圆柱与平板的起伏变化，相互映衬；结构组合部件的大小对比，形成了和谐的比例关系，有效利用了花梨的材质特性，制作出光洁流畅的装饰线条，更好地形成了家具光洁可人而又富有变化的素雅艺术，展现了细木家具独特的造型语言，凸现了家具制作工艺的时代性。

我们清楚地看到，这两件立橱，由于家具材料、制作工艺等诸多方面的不同运用，才展现出了家具风格特色的变化。这不仅满足了不同的审美需要，而且体现了中国家具制造技能的发展变化。

明代，在苏州地区率先创制的"细木作"工艺的基础上，中国古代家具渐渐地由漆木家具转变为崇尚具有天然纹理木材和精美手工技艺的硬木家具，花梨家具则把中国硬木家具的细木作工艺推进到了一个历史的高峰。

一　花梨家具的木作工艺

（一）选取配料　量材落用

中国花梨家具主要选用的时称"花梨"的各色用材，皆是千百年生长的树木。它们的共同之处是心材和边材的不同，俗称"格"的心材皆呈现"火红色"或"紫红色"，是用做制造家具的本材。边材因质松而色淡，都不被取用，木质坚硬致密的心材纹理优美，在很多花梨家具中，十分注重把花纹美丽的木材用到最显著的位置。如座椅的靠背板、橱柜的门板、案桌的面板等（**图19-26**）。

传统花梨家具的配料，首先就是"量材落用"，这在剖料时就作仔细权衡，根据需要裁锯成不同规格的用材。如板材、柱料常各有所选，各种部件都随形而制，纹理的曲直和走向也都顺理成章。当一件家具完成后，无论在色泽还是在木质肌理上皆通体均匀完整，色泽深浅一致，才能表现出我国传统家具追求的独特旨意。

图 18 花梨圆角橱腿柱与橱帽的结构（苏州园林博物馆藏）

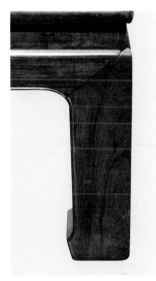

图 19 花梨榻内翻马蹄足的红紫色材质（中国国家博物馆藏）

图 20 花梨榻马蹄足材质的优美纹理（摘自古斯塔夫·艾克《中国花梨家具图考》）

图 21 花梨家具木样　　　　图 22 花梨家具木样　　　　图 23 花梨家具木样

图 24 花梨椅背板上的浮雕如意
螭龙纹装饰

图 25 花梨椅背板上的透雕如意
瑞兽纹装饰

图 26 黄花梨家具木样

　　花梨家具中诱人的所谓"鬼脸"、对称同形的纹饰板面、独具一格的木纹装饰，都是家具制造从一开始，通过选料、配料、用料上所讲究的审美经验获得的，是木作工艺处理材料过程中的绝活。

（二）用材尺寸　适度剪裁

　　明代午荣所编《鲁班经》，对我国民间制作家具的尺寸有所记载，其中不少品种的家具均按其规格，对每一结构部件的尺寸都作了规定。如其中对八仙桌的记述：

　　高二尺五寸，长三尺三寸，大二尺四寸，脚一寸五分大。若下炉盆，下层四寸七分高，中间方员九寸八分无误。勒木三寸七分大，脚上方员二分，线桌框二寸四分大，一寸二分厚。[1]

同时进一步要求，"时师依此式大小，必无一误"。

对其他家具的记述中还有"要除矮脚一寸三分才相称""大小长短，依此格""切忌一尺大，后学专用记此""此大小依此尺寸退墨无误"等严格的规定。这些尺寸都是民间匠师在长期实践中积累的经验，并让后人做到"各项谨记"。这是中国古代家具制作规范的记载，从中可见家具的整体比例。认真考察流传的明清花梨家具实物，我们可以认识到这些尺寸的真正意义和对其适度把握的重要性。家具造型的能力和工艺水平的高低，诸如"寸有所长、尺有所短""木不离分"的讲究，在优秀的明清花梨家具中都完全可以得到验证。

因为古代的工匠本身就是技师，他们在制作过程中，会对家具有进一步的精妙把握。在各种各样曲直变化的线型制作中，往往需要掌握的就是一个"度"。例如座椅中的靠背一般有C形、S形两种，或独板，或分段镶板，其加工方法也各有差异。靠背的曲直造型，民间匠师都是以"样板"为准则，装配时常常又与斜度相适应，以便达到优美的造型，同时更具有予人舒适的实用功能。在椅子背板曲直的多种基本形式下，往往形成了各种不同的特点和个性 (**图27**)。又如螳螂腿和马蹄足等腿足形状的变化形式在花梨家具中很常见 (**图28-33**)。无论是直腿或是弯腿，足部形状内弯或是外弯的造型变化形式，都体现着设计者有招有式的创意。通过加工工艺刻画的线型来完成家具造型的起止转折、曲直变化，使家具线型在转换中得到自然流畅的形态、气韵和效果，使家具形体获得了理想的形象。如家具顶部收进而腿部突出、腿的曲直和足部的形状，都必须考虑到它们上、中、下三部分的相互呼应关系，从而削割出腿部自然的曲线，而产

[1]［明］午荣编，张庆澜、罗玉平译注：《鲁班经》，重庆：重庆出版社，2007年。

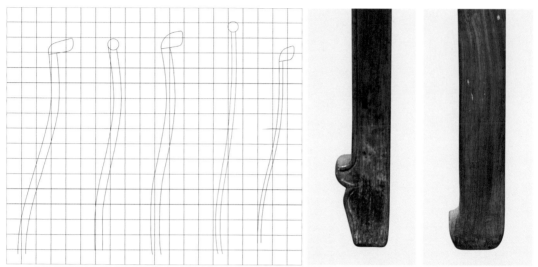

图 27 座椅靠背板侧面的轮廓线形（引自濮安国《明清苏式家具》）　图 28 花梨桌的花足造型　图 29 花梨椅的马蹄足造型

图 30 花梨桌腿的净瓶
足造型

图 31 花梨案腿的卷云
足造型

图 32 黄花梨架子床的
三弯腿腿足造型

图 33 黄花梨架子床的卷珠搭叶足端造型

生"向里勾"或"向外翻"的两种基本形式。原建工部
设计师杨耀在谈到线在明式家具造型上的意义和应用时
说，家具足部形状的变化、脚部的曲线等，不仅使家具
的形体出现了各种不同的式样，而且深刻地代表着我国
家具的雄浑气派。[1]可见这种工艺的加工技艺包含着一种
内在的艺术语言，需要的是熟能生巧的技艺表现。

　　再如上海博物馆藏的清花梨四足香几又是一个很好

[1] 杨耀著：《明式家具研究》，
北京：中国建筑工业出版社，
2002 年。

的例子（**图34**），香几修长的腿足，擎起八角的几面，束腰下翻出荷叶边裙，八面玲珑，恰似那池中的一片清荷，长长的茎杆，自然婉转，与叶面一起出落得亭亭玉立。足端简洁含蓄，仔细观察足与托足盘子，有着微妙的比例变化，凹凸转折、纵横的配合，恰到好处，你会有多一分过之、少一分不足的感觉。这种奇妙的比例关系，正是花梨家具木工工艺的重要特色，这些也一一体现出当时文人对家具要求完美、细腻的审美意匠，反映出当时工匠运用技艺把握这种意匠的制作水平。

对古代家具的研究，从照片上只能是知其一面，只有通过对实物的观察和反复推敲，才能真正领会到它们的真谛。相比之下，清代中期以后，红木家具在木作工艺的处理上，少灵动的线条和比例尺度，注重增加雕刻装饰。家具造型粗硕稳固，故而家具内敛委婉动人的韵味也随之荡然。

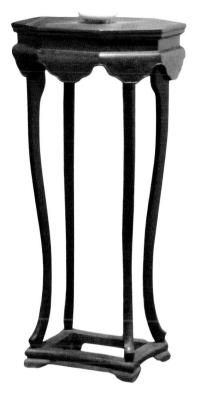

图 34 花梨四足香几
（上海博物馆藏）

（三）榫卯结构 科学严谨

花梨家具有着最严谨的工艺结构，通过榫卯构成家具的框架，连接各式各样的部件，使家具的各个部位坚实牢固地结合在一起，无论体大或体小，均可不动不摇，平稳安定。

在家具结构部件中，一般可以细分为承重构件、连接构件两类。承重构件如家具的腿足、承面等；连接构件有各种牙板、档、枨等。如花梨家具中常见的霸王枨、桥梁档，各种角牙、牙头等。霸王枨是加固腿与面强度的结构，一般多为S形，其上端与面板下的穿带连接，下端与腿足的内侧连接。桥梁档是安装在腿之间的横档，横档的中部向上曲折突起，在造型上形成了一种变化。

家具整体的框架造型和各类部件，都需要由榫卯将它们组合起来。榫卯结构无疑是家具的关节，起着牢固而又灵活地架构和连接的功能，从而使每一件家具都成为一个有机的整体。一件家具在不借助其他材料的构合，

[1] 杨耀著：《明式家具研究》，北京：中国建筑工业出版社，2002年。

完全靠自身的榫卯来构造，可见榫卯直接体现了"木作工艺"的智慧和精华，是木作家具构成的至关重要的内在基础。而花梨家具得益于木材质地的优越性，可以做出很精密细巧的榫卯结构来。正因如此，花梨家具制作才达到了精妙绝伦的地步。当把一件花梨家具解构，显露出它的榫卯结构时，你一定会惊讶地看到构成家具的另一个精彩的世界。

半个世纪前，杨耀在《明式家具研究》中，曾根据花梨家具的实物绘制了家具的34种榫卯图样，如：格角榫、综角榫、明榫、闷榫、通榫、半榫、托角榫、长短榫、抱肩榫、勾挂榫、燕尾榫、穿带榫、夹头榫、破头楔、盖头楔、削丁榫、穿楔、挂榫、走马楔等，[1] 至今仍是十分经典的第一手资料 (**图35-42**)。

图35 框架结构榫卯构造示意图（摘自杨耀《明式家具研究》）

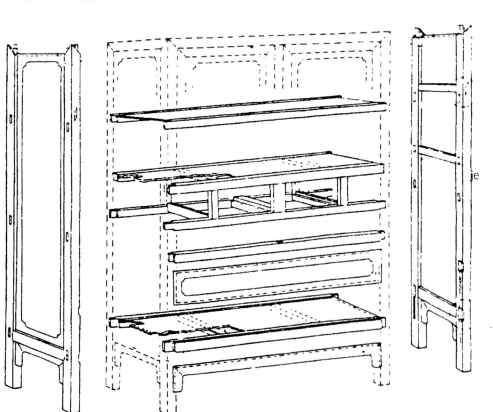

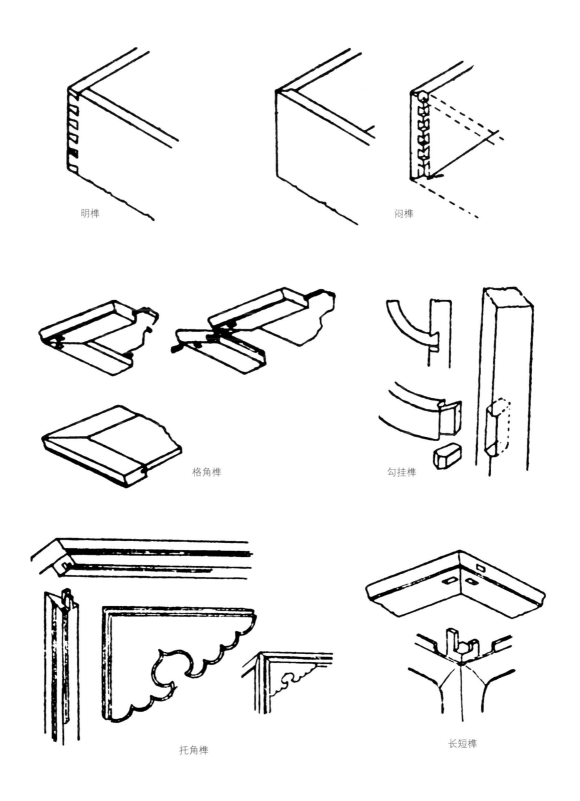

明榫

闷榫

格角榫

勾挂榫

托角榫

长短榫

图 36-1 各类榫卯构造示意图
（摘自杨耀《明式家具研究》）

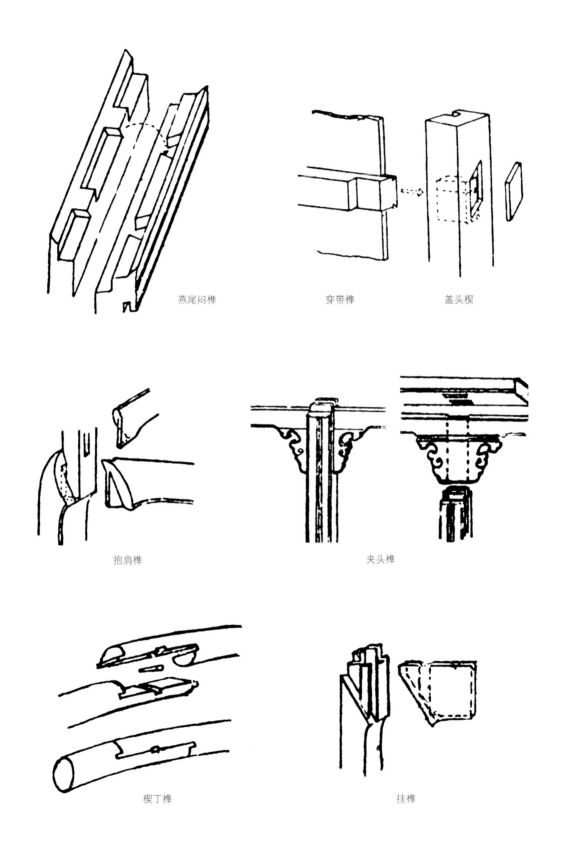

燕尾闷榫　　　　　穿带榫　　　　盖头楔

抱肩榫　　　　　　　　夹头榫

楔丁榫　　　　　　　　　挂榫

图 36-2 各类榫卯构造示意图
（摘自杨耀《明式家具研究》）

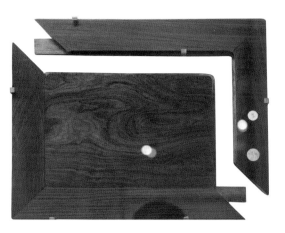

图 37 攒边打槽装板的格角榫结构实样

图 38 案面、束腰、牙板与腿足结合的
抱肩榫结构实样

图 39 立板角结合的燕尾明榫结构实样

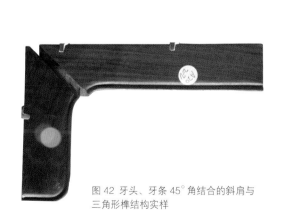

图 40 外圆内方管脚档与圆腿丁字形结合的
飘肩榫内侧结构实样

图 41 横竖材丁字形结合的格肩榫结构实样

图 42 牙头、牙条 45°角结合的斜肩与
三角形榫结构实样

（四）攒接工艺　完美精妙

几何纹样的装饰，是花梨家具中普遍出现的装饰手法，有的用单纯的图形反复构成装饰纹样，有的以单独纹样组成二方连续、四方连续等形式，安置在家具需要的装饰部位。如床身围栏、榻身后背及左右设置的靠栏、橱柜的亮格以及桌的牙子、踏脚的花板等。这些由传统棂格式窗景产生的式样，形式简洁明快，这是运用细木作的"攒接"工艺形成的一种装饰语言，其格调疏密有致、清雅醒目。常见的有万字纹、十字纹、田字格、曲尺式、回纹式、上下凸连式、直连式、斜连式等（**图43**）。

"攒接"是北方工匠的术语，南方工匠称作"兜料"，是采用榫卯结合来完成的一种构造方法。大多采用小块的木料经过榫卯的攒合拼接，构成各式各样的几何纹样，嵌装在家具上，成为一个完整的组成部分。这种工艺不仅能将看似无大用的小料进行合理的使用，而且充分体现了木工工艺的技巧美，是科学性和艺术性在古代家具上结合的完美体现。

这件花梨架子床的围板（**图44**），其采用兜料攒接成万字连缀纹，这种攒接形式的围板与各种纹样的结合变换，创造出更加丰富的装饰效果。如下列花梨架子床围板装饰采用攒接四合如意云纹（**图45**），做交叉式排列后用十字连接而成，横杆上加饰团纹结子，呈现出古雅别致、华丽典雅的完美装饰。还有几例花梨罗汉床后围板的装饰效果（**图46-48**），都彰显着花梨家具独具匠心的攒接工艺装饰美感。

（五）起线接线　工艺精巧

花梨家具的细木工艺，除了榫卯结构、"攒接"工艺以外，另一突出的工艺常常是通过家具部件表面产生的或凹、或平、或凸的各种"线脚"来体现。

把线脚做得流畅圆润才是细木工艺的高超技艺。同样的是凹是凸、是粗是细，线型能否饱满、富有韧性，使线条中有气息、有生命力，在不同工匠的手中，水平是有高低之分的。许多优质的花梨家具的线脚处理，通过精湛手工工艺的梳理和加工，成了家具的"经络"和"气脉"，只有融会贯通了，才能赋予家具特有的精神气质。

在一件花梨平头案（**图49**）的腿与夹头榫部位，其案面边缘、案腿、案的牙头、牙板上都做了线脚处理，线条均匀流畅，凹陷与凸出的线条，在光影的作用下，使形体和平面显得格外富有变化。板面上微微的坡度，给平板轻缓柔化的处理，予人一种不同的感受。在线脚与面的凹凸处理中，家具的天然木质又增加了特别的生机和活力。而牙头和牙板上的线条，似在几处结构部件中贯通，从而浑然一体，连接自然流畅。我们几乎在每一件花梨家具中都能体会到这些优美迷人、美妙卓著的线脚工艺，也能从中体验到中国手工业时代家具制作的人文特色（**图50-53**）。

图 43 花梨衣架中牌子上的四合如意夔凤纹装饰

图 44 花梨架子床围板上的兜料斜连万字纹装饰

图 45 花梨架子床围板上的四合如意云纹十字连接装饰

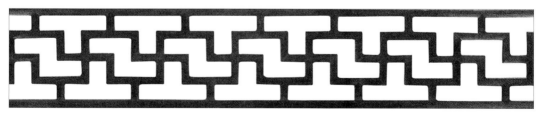

图 46 花梨罗汉床后围板上的万字纹连接装饰

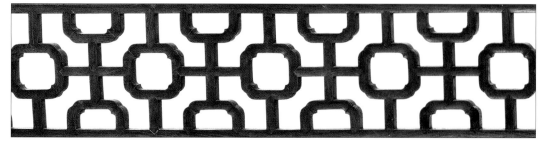

图 47 花梨罗汉床后围板上的海棠花纹十字连接装饰（故宫博物院藏）

图 48 花梨架子床后围板上的万字纹连接装饰（故宫博物院藏）

图 49 花梨平头案牙头与牙板的接线工艺（引自古斯塔夫·艾克《中国花梨家具图考》）

图 50 花梨翘头案牙头与牙板的接线工艺（故宫博物院藏）

图 51 黄花梨翘头案牙头与牙板的接线工艺（故宫博物院藏）

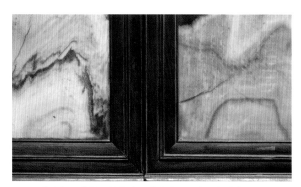

图 52 花梨榻屏背板上的接线工艺（中国国家博物院藏）

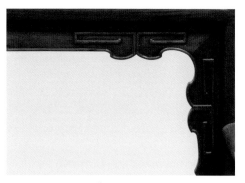

图 53 花梨玫瑰椅靠背上的起线、接线工艺（中国国家博物院藏）

二 花梨家具的漆作工艺

（一）特色的擦漆水磨揩光工艺

明清硬木家具通过擦漆水磨揩光工艺的处理，家具表面才如人的肌肤，温润细致，晶莹亮丽。行内常用所谓"包浆""皮壳"等词来形容这一工艺取得的特殊效果。

擦漆水磨揩光工艺是一种极其优秀的传统特色工艺，这种工艺最精到的做法常是"一寸之木，百日之工"。关于擦漆，明代方以智在《物理小识》卷八"案匣"中记：

> 铁力木初黄，用之则黑。其性湿，赤身依此书案，能使脉涩。粤以作柱，南风天则出水，惟花桐不生虫，然作研匣不宜，砚贵漆匣也。案以楮榆楠榔擦漆为宜。[1]

可见木材的特性各有不同，花桐（即花梨）虽不生虫，但不宜做研匣，更适合做案，制作中施以擦漆工艺。清段玉裁在《说文解字注》中对擦漆有更为形象的描述，他在解释"幎"字中说：

> 幂地即涂地也……涂地以巾，按而摩之，如今之擦漆，故其字从巾。[2]

关于水磨，清初方以智之子方中通为《物理小识》作补注中有："中通曰，薄漆初上即擦去之，易于水磨。"[3]他是说上漆要薄，而且即刻就擦去，这样利于水磨。而对水磨工艺早在唐代已有记载，唐代高僧一行，俗名张遂（683－727年）在《大毗卢遮那成佛经疏》卷二中说："既洗以灰水磨以净叠，种种方便而莹发之，既得光显，置之高幢，能随一切所求普雨众物。"[4]他是讲在对宝玉的打磨中，用灰水磨以去除表面杂皮的堆叠，使之莹润光泽。方以智在《物理小识》卷八"水磨诸器法"中说：

> 水磨用糙叶后，虽滑而无光，必以陈壁石灰揩之乃

[1] [3] [明]方以智撰：《物理小识》，《四库提要著录丛书》第77册，北京：北京出版社据清康熙三年于藻刻本影印，2010年。

[2] [汉]许慎撰，[清]段玉裁注：《说文解字注》，上海：上海古籍出版社，1988年。

[4] [唐]释一行撰：《大毗卢遮那成佛经疏》，《续修四库全书》第1280册，上海：上海古籍出版社据北京大学图书馆分馆藏日本庆安二年（1649年）刻本影印，2002年。

[1] [明] 方以智撰：《物理小识》，《四库提要著录丛书》第77册，北京：北京出版社据清康熙三年于藻刻本影印，2010年。
[2] [明] 黄成撰，[明] 杨明注：《髹饰录》，《续修四库全书》第1115册，上海：上海古籍出版社据民国十六年朱启钤刻本影印，2002年。

图54 苏州民间传统用于水磨的糙叶（笔筒草）

可照人。其以油调石灰涂一宿，明日光之者，曰烘油。蜡布蜡刷，乃功成之后用之。[1]

可见用糙叶水磨之后可再施"揩光"工艺 (图54)。也有用油调和后涂在器物上，润泽一宿时间然后揩亮的，时名曰"烘油"。之后还可以施蜡，而施蜡是在器物烘油揩光成功之后，再可施行的工艺。

明黄成《髹饰录》"单素第十六"中记载："黄明单漆，即黄底单漆也。透明鲜黄，光滑为良。"杨明加注称："有一髹而成者，数泽而成者……又有揩光者，其面润滑，木理灿然，宜花堂之瓶卓也。"[2] 卓，即桌。瓶卓，是指堂屋中置放花瓶的桌案。说明至迟明代中晚期，木制家具的表面已施擦漆水磨揩光工艺了。我们从流传下来的明清花梨家具上不难看到，采用了这种漆制工艺后，经过长时间的使用，花梨家具表面的漆起了变化，再把家具擦亮的时候，就会呈现出莹润金光的亮色。因此可以解释古斯塔夫·艾克先生所认为的"老的花梨家具的木料，无论其颜色深浅"，都带有一种色调，"这种色调带有如同从金箔反射出来的那种闪闪金光，在木材光滑表面上洒上一片奇妙的光辉"。其实并非木材是黄颜色，而是由花梨家具漆作工艺使木材中蕴含的金色呈现出来。

（二）传统的披灰工艺

在明清花梨家具中，为了使家具密合不开裂，经常有"做底"的痕迹，其后背、底板有"背布""披麻灰"的做法，这也是明清花梨家具漆作工艺的一种特征 (图55)。

图55 花梨家具底部的披麻灰工艺留痕

三　花梨家具的装饰工艺

（一）意远悠长的线条装饰

花梨家具上丰富多彩的"线脚"，是塑造家具艺术形象的重要手段和语言。"线脚"是指截断面边缘的线形，经过或方或圆的不同变化后，在家具形体上呈现的"线化"效果。这些线条的各种造型，民间工匠则称之为各种"线脚"。线条着意刻画的"型"，塑造出了家具的各种不同的形象面貌。如"打洼""起线""混圆"等线形的加工，常使用材的表面产生光滑、明丽、细密的材质效果，从而使花梨家具传达出一种特有的质地美和艺术美。

花梨家具中常见的各种线脚，如阳线、洼线、皮条线、竹爿浑等，不仅能与家具的整体同奏协律，而且也成了家具整体的组成要素，以及家具装饰的重要内容之一。

（二）精美灵动的木雕装饰

杨耀先生在讲明式家具的艺术中的雕饰时说：

凡过分雕饰的家具，足以遮掩它的天然纹理。明代家具是以素雅为主，故不滥加雕饰，偶尔施用局部雕刻，以衬托出它的醒目的造型。这局部雕刻，也多以淡雅朴实的自然图案为题材，而用精湛浑厚的技法雕刻之。习见的花样，有出自三代铜器者，有出自汉玉浮雕者，有引用建筑装饰者。[1]

这段话完全道出了花梨家具木雕装饰的精髓。

花梨家具的装饰和其造型、构造一样，是反映其卓越成就和优秀水平的重要组成部分。明清文献中记述吴地的"雕、镂、涂、漆，必殚精巧"，就是当时手工技艺高超水平的真实写照。

较早期的花梨家具上，雕刻的装饰图案有：卷草双钩、双凤朝阳、古钱、草花、水花、莲花、如意、龙凤花草、

[1] 杨耀著：《明式家具研究》，北京：中国建筑工业出版社，2002年。

方胜、璎珞、灵芝、花牙、合角花牙、倒挂花牙、卷珠搭叶、豹脚、虎爪双钩、日月掩象鼻、云头等。

清代以来，家具上雕刻的装饰图案更加丰富：有卷云头、寿字、夔龙、山水、如意瑞花、五福流云、夔龙捧寿、万事如意、福寿如意、福寿双全、岁岁双鹤、八仙祝寿、福寿长春、祥花呈瑞、汉纹夔龙、葫芦冰梅、博古锦地夔龙、盆荷刻竹等。

明清家具常见的木雕工艺手法有：平地雕、透雕、圆雕、镂雕、双面透雕、锦地浮雕、透空浮雕等。花梨家具的木雕装饰形象写实、生动自然、灵巧秀美、活灵活现，堪称精湛；传神的木雕工艺使得花梨家具更加惊艳。因此，从不同历史时期家具上的雕刻工艺所表现出的时代特点进行分析，应该成为断定花梨家具真伪的重要鉴别方法。

（三）素朴文雅的材质搭配

花梨家具装饰的繁简不同与家具的使用功能很有关系。古旧花梨家具中较多运用雕刻装饰的是卧室中的家具。厅堂中的家具为了显示出一种大气，一般也会运用雕刻来装饰，但往往是点到为止，干脆利落，并不繁复。书房中用的花梨家具以线条装饰为主，或以文石，或运用其他木材的色泽来进行装饰，而并不崇尚繁复，只求显现文雅素静的气息和效果。因此，传统花梨家具十分注重各种材质的配置，往往与其他的自然材料搭配，会取得相得益彰的效果。如明代文震亨常讲到的"祁阳石""大理石"的应用，在家具上镶嵌"乌木""川柏""竹"等，[1] 既能体现工艺的多样性，又能丰富家具的装饰美和意匠美。这些材料大多也是精心挑选、长期留意的所谓"备料"。只有这样，才能使家具制作得心应手，产品完美无瑕。总之，材质的合理选用和木工的配置工艺，是古人制作花梨家具中首先需要掌握的知识和工艺规范。

[1] [明]文震亨撰：《长物志》，《四库提要著录丛书》第 56 册，北京：北京出版社据明刻本影印，2010 年。

第四章
中国花梨家具的鉴别收藏

自 20 世纪 90 年代古典家具收藏热以来，中国花梨家具备受收藏者和爱好者的追捧。其独特的历史、文化、艺术、经济价值，越来越受到国内外收藏家的关注。留心这些年国内外拍卖的古旧花梨家具，它们的成交价一直居高不下，而且愈演愈烈。2010 年一花梨架子床以 4000 多万成交，后来一花梨榻被北京的杨先生直接以 1200 多万元收入囊中。然而，面对林林总总的市场现象，收益总是与风险同在。怎样慧眼识宝，这绝不是仅凭古旧家具贴上高额价格的标贴，就可以辨别清楚的。识别古代家具，准确把握它们的整体价值，确实是需要十分认真对待的一件事。

鉴别这些古旧家具，我们仿佛是面对一位二百岁、三百岁，甚至四百岁的老人，它们已经历了太多的世事变迁。我们可以想象，目前有多少明清花梨家具仍然会完好地流传至今。400 年间因生产方式、生活环境、时代文化的演变，缔造了一代又一代的花梨家具，这其中有革新也有传承，有创造也有仿制，它们具有共性的时代烙印，又带有家具主人喜欢的个性特色，留存于世人面前。

其实除了极少数有真实纪年款的家具，可以断定它们确切的年代，对大量明清家具年代的鉴别，至今仍然没有科学的、实用有效的断代秘方。按照东方人的观念，用历史发展的眼光，在把握家具时代风格特色的基础上，对典型款式、纹饰及其材质、工艺作出判断。要做到这些，需要对中国明清家具发展史料有较全面的认识。只有在资料研究与实物鉴定中不断取得相应阶段的成果，才能不断获得艺术鉴别的依据。

一　明清家具史料研究

（一）明代家具史料分析

明代是花梨家具出品最重要的时期，在明代家具文献史料中，为我们留下了许多有关花梨家具的创制、发展等方面的重要内容和值得关注的信息。如《鲁班经》中罗列的各类明代民间家具的基本式样，明代大量的木刻版画中，更有着许多不同家具的直观形象。明代的史料最能反映花梨家具创制之初的思想观念，要把握住花梨家具纯正完美的艺术品位，就需要把明代这一历史时期的家具造型、装饰、材质，尽可能地做到全面的了解和深入的分析。

1.《鲁班经》为明代家具研究提供的重要信息

现在刊行的《鲁班经》，又名《鲁班经匠家镜》。"镜"即样、样子、式样、榜样，应是古代匠人用来从事木作行业的法度和规范。据说《鲁班经》成书于元末明初，而家具部分是后来增补的。这些家具资料很早就被我国的学者所重视，是研究明代家具的重要史料。虽然由于历史变迁，不同版本的内容增补、图文变更、术语与记述方式的古今差异，书中很多地方让人迷惑。然而仔细研读、梳理和考证，我们仍然能获得有关明代家具的时代、地域、式样及装饰等方面的重要研究信息。

刊刻于明代成化、弘治年间（1465－1505年）的《鲁班营造正式》是《鲁班经》的前身，其中记录了房舍、楼阁、钟楼、宝塔、畜厩等建筑的制作规范，但没有家具的记录。而后刊刻于明代万历年间（1573－1620年）的《鲁班经匠家镜》，正是在《鲁班营造正式》的基础上，根据当时的社会需要改编而成的。其中增加了家具、农具的制作记录，成为木匠这一行业集大成的经典著作。因此，可以推断书中记录的家具条款，应该是反映明代万历时期家具制作的规范。

这里可举书中"衣架雕花式"作一说明。"雕花者五尺高，三尺七寸阔，上搭头每边长四寸四分，中绦环三片，桨腿二尺三寸五分大，下脚一尺五寸三分高，柱框一寸四分大，一寸二分厚。"[1] 并配有插图（**图56**）。插图与苏州王锡爵（王锡爵葬于明万历四十一年）墓出土的明器衣架（**图57、58**）相比较，能够看到它们形式上是一致的，几字形琴脚，雕日月桨腿，万字纹的绦环板，几乎如出一辙。只是《鲁班经》文字记载"中绦环三片"与图示略有不同。

在《鲁班经》中，有许多的家具条款与书中所配插图并不完全一致，因为《鲁班经》中的家具制作条款是民间工匠们代代相传的家具制作要领，有一定的历史流传性，或者也可以说是当时传统的做法。而现实生活中，家具制作在基本形式下总会有多样性的变化。但不管怎样，其书中的文字记载和配图，都反映了明代万历时期的家具制作式样，这点则是毋庸置疑的，这也为我们今天研究明代家具提供了重要的信息。

现存的《鲁班营造正式》天一阁本为福建建阳麻沙版，

图56 明午荣《鲁班经》插图中的衣架

[1]［明］午荣编，张庆澜、罗玉平泽注：《鲁班经》，重庆：重庆出版社，2007年。

图 57 苏州明王锡爵墓出土的明器家具衣架
（苏州博物馆藏）

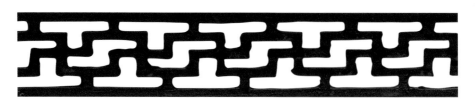

图 58 苏州明王锡爵墓出土的明器家具衣架上的万字纹装饰

而出现家具记录的万历本《鲁班经》刊刻于杭州。"嗣后的翻刻本，均从万历本或崇祯本衍出。一直到二十世纪初，仍以木版或石印本，流传于长江中下游东南沿海诸省。渊远流长，达五六百年之久。"[1] 这不仅从书中记载的建筑形式、木作修造可以得到证明，而且其中提供的明代家具品种，尤其是插图中的家具，也清晰地反映出与黄河流域等北方的家具风格迥然不同。如《鲁班经》中床的形式有大床、凉床、藤床等，这些家具显然都是与我国长江中下游的南方地区自然环境相适应的家具形制式样。而明代万历时期在以苏州为中心的江南地区，花梨家具的大量制作时，正是中国家具史上重大的变革时期；《鲁班经》此时的刊刻发行，也正是顺应了当时的社会需要。书中有关的家具条款和插图，反映了明代中晚期我国江南特别是江浙地区的家具制作规范。

《鲁班经》中列举的家具品种多样，为我们认识明代万历时期的家具式样，提供了丰富的感性形象（**图59、60**），直观地反映出具有典型意义的时代特征。

《鲁班经》对家具制作的规格、结构部件尺寸，甚至家具式样均做了规定。如琴凳的式样，在书中做了详细的记述：

> 大者看厅堂阔狭浅深而做。大者高一尺七寸，面三寸五分厚，或三寸厚，即欹坐不得。长一丈三尺三分，凳面一尺三寸三分大，脚七寸大。雕卷草双钩，花牙四寸五分半，凳头一尺三寸一分长，或脚下做贴仔，只可一寸三分厚，要除矮脚一寸三分才相称。或做靠背凳尺寸一同。但靠背只高一尺四寸，则止扩仔做一寸二分大，一尺五

[1] 中国科学院自然科学史研究所主编：《中国古代建筑技术史》，北京：科学出版社，1985年。

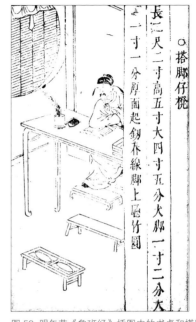

图 59 明午荣《鲁班经》插图中的书桌和搭脚仔凳

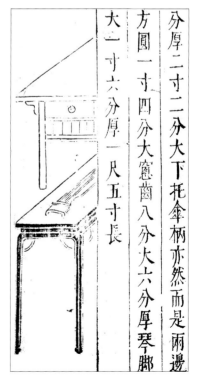

图 60 明午荣《鲁班经》插图中的琴桌和凉伞架式

[1] [明]午荣编，张庆澜、罗玉平泽注:《鲁班经》，重庆：重庆出版社，2007年。

牙勒水三寸七分大或看橙面长短及粗橙尺寸

一同餘做此

○琴橙式

大者看廳堂濶狭淺深而做大者高一尺七寸面三

寸五分厚或三寸厚即歇坐不得長一丈三尺三

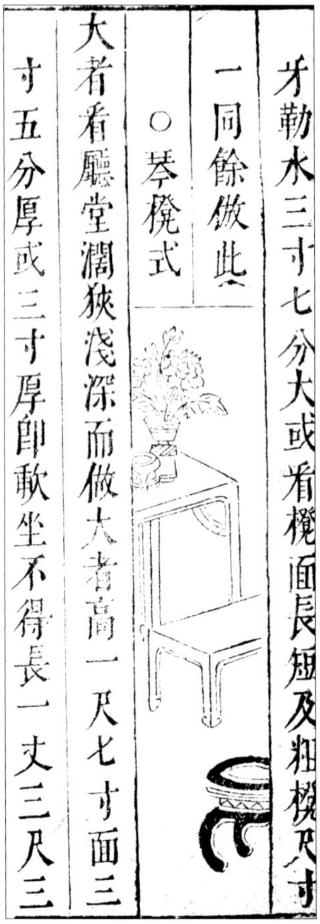

图61 明午荣《鲁班经》插图中的花几、琴凳和圆凳

分厚，或起棋盘线，或起剑脊线，雕花亦如之。不下花者同样。余长短宽阔在此尺寸上分，准此。(图61)[1]

《鲁班经》是木工匠人的工具书，对木作的很多细节都交代得很清楚，甚至是比较严格的。通过《鲁班经》，我们对明万历时期家具的形制、规格、整体的比例，都能获得较为详细的资料，这可以作为我们在鉴别古旧家具时参考的重要依据。

同时《鲁班经》中有关装饰纹样和装饰线脚的记载，对我们今天判断明代家具，提供了许多更有价值的内容。如典型的万字纹、十字纹、三弯勒水、龙凤花草纹、卷草双钩纹、双凤朝阳纹、古钱纹、莲花托、净瓶头、剑脊线等。这里我们可举《鲁班经》中介绍凉床式时的描述："下栏杆前一片，左右两二万字或十字（指装饰花纹）(图62)。"这在苏州万历年王锡爵墓出土的明器家具拔步床中(图63-64)，就能很清楚地看到在前栏和床栏的左右均设两万字纹的装饰。万字纹在明代十分流行。

在中国家具历史上，明代万历年间江南地区家具的研究，是一个不可或缺的部分。《鲁班经》则为我们的研究提供了许多具体而珍贵的信息和资料，是一份不可多得的历史文献。虽然我们今天对《鲁班经》书中很多地方会产生理解和认识上的困难，但这些也正是我们在远离了古代家具文化后所产生的认识上的距离。通过对历史文献的仔细分析和研究，并与相关的传世实物资料做对照，我们就会逐渐地认识到古代文献在明清家具中的重要作用。

我们依据故宫博物院收藏的明代万历丙午年（1606年）汇贤斋刻本《新刻石函平砂玉尺经》中收录的《鲁班经》，进一步将其中家具的品种、规格、形式与装饰特点整理如下（表一），以备查考。

图 62 明午荣《鲁班经》插图中的藤床　　　　　图 63 苏州明王锡爵墓出土的明器家具拔步床（苏州博物馆藏）

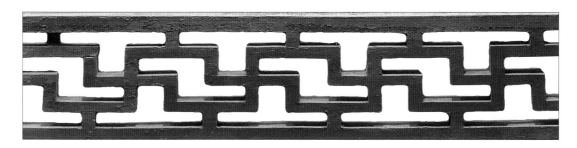

图 64 苏州明王锡爵墓出土的明器家具拔步床上的万字纹装饰

表一《鲁班经》中记载的明代民间家具 [1]

品种	尺寸	形制与装饰
屏风	大者高五尺六寸，宽六尺九寸。	琴脚、奖腿、绦环、水花，雕日月掩象鼻格、棋盘线、竹圆。
围屏	高五尺四寸，每片宽一尺四寸三分零。	八或六片，内较田字格。
牙轿	下一尺五寸高，屏一尺二寸高，深一尺四寸，阔一尺八寸。	上圆手、轿杠。
衣笼	高一尺六寸五分，长二尺二寸，宽一尺三寸。	雕三湾脚，车脚上要下二根横扩仔。
衣箱	长一尺九寸二分，宽一尺六寸，高一尺三寸。	上层盖，车脚三湾。
衣橱	宽四尺四寸，深一尺六寸五，高五尺零五分。	平分为两柱，下衣扩、上岭、上梢。
柜式	长六尺六寸四分，阔三尺三寸，高二尺五寸。下脚高七寸。	下转轮斗在脚上可以推动、四柱。
大床	高二尺二寸二分，上屏高四尺五寸二分。	床方，后屏两片，正领、前踏板、前楣、下门四片，上脑板、下穿藤、下门槛、芝门。
凉床	高一尺九寸五分，长五尺七寸八分，宽三尺一寸五分半。	踏板、柱子四根，上楣、下栏杆，左右两二万字或十字、横头。
藤床	高一尺九寸五分，长五尺七寸八分，宽三尺一寸五分半。	上柱子，半屏、床岭、床方、穿藤、踏板。
禅床	长依屋宽窄，宽五尺，床高一尺五寸五分。	前平面板、六柱、水椹板。
禅椅	长一尺九寸五分，深一尺八寸二分，高一尺六寸三分。	上屏、两力手、斗头下盛脚盘子。
镜架、镜箱	大者深一尺五分，阔九寸，高八寸六分。	上层下镜架，中层下抽箱，下层抽箱，盖、底方圆雕车脚，中下镜架雕双凤朝阳，中雕古钱，两边睡草花，下佐连花托。
雕花面架	后两脚高五尺三寸，前四脚高二尺八分，阔一尺五寸二分。	中心四脚折进用阴阳笋，雕刻花草。
面架	后两脚四尺八寸九分，前两柱高一尺九寸。	内要交象眼。

[1] [明] 午荣编，张庆澜、罗玉平泽注：《鲁班经》，重庆：重庆出版社，2007 年。

品种	尺寸	形制与装饰
花架	中高六尺，五尺阔，七尺长。此亦看人家天井大小而做。	大者六脚或四脚，或二脚。中下骑箱，下枋二根，直枋二根，上盛花盆板。
雕花衣架	宽三尺七寸，高五尺。	上搭头、中绦环三片、桨腿、下脚。
素衣架	宽三尺，高四尺一寸。	上搭脑、中下光框一根、窗齿、齿仔。
衣折	大者高三尺九寸，小者高二尺六寸。	如剑样。
大方扛箱	柱高二尺八寸。	四层，两根将军柱、桨腿、下车脚，合角斗进雕虎爪双钩，上净瓶头。
搭脚仔凳	长二尺二寸，宽四寸五分，高五寸。	面起剑卷线，脚上厅竹圆。
烛台	高四尺。	柱子方圆，上盘仔，倒挂花牙，脚下交进三片，雕转鼻带叶。
校椅	宽一尺六寸七分，深一尺二寸六分，后脚二尺九寸三分高，前脚二尺一寸高。	前脚、后脚、盘子、屏、前花牙。
板凳	长三尺八寸五分，宽三寸八分半，高一尺六寸。	凳面、脚、花牙勒水。
琴凳	长一丈三尺三分，宽一尺三寸三分，高一尺七寸。	凳面、凳脚、花牙、脚下做贴仔，或做靠背，雕卷草双钩，花牙，雕花，起棋盘线或剑卷线。
杌子	长一尺二寸，宽八寸或九寸，高一尺六寸。	花牙，起剑卷线。
桌	高二尺五寸，长短阔狭看按面而做。	中分两孔、两或三抽屉，起麻横线。
案桌	高二尺五寸，长短阔狭看按面而做。	两或三抽屉，下脚踏起麻朳线。
八仙桌	长三尺三寸，宽二尺四寸，高二尺五寸。	炉盆、勒木。
小琴桌	长二尺三寸，宽一尺三寸，高二尺三寸。	琴脚勒木，斜斗。
圆桌	直径三尺零八分，高二尺四寸五分。	两半边、每边桌脚四只，四围三湾勒水。
一字桌	长二尺六寸四分，宽一尺六寸，高二尺五寸。	做八仙桌勒水花牙，框下关头。
折桌	框厚一寸三分，脚高二尺三寸七分。	豹脚，雕双线，起双沟。
棋盘方桌	长二尺九寸三分，宽二尺九寸三分，脚高二尺五寸。	四齿吞头四个，中截下绦环脚或人物，起麻出色线。
香几	要看人家屋大小，脚一尺三寸长。	三层，合角花牙，上层栏杆仔。

2. 出土的明代明器家具

上海明潘允徵墓和苏州明王锡爵墓出土的明器家具，都可作为衡量明代万历年家具形制的珍贵实物史料，这些家具为我们提供了直观的视觉形象。按品类统计，有文椅、四出头扶手椅、二人座长凳、大小条案、束腰书桌、束腰方桌、束腰长方矮桌、衣箱、二门书橱、衣橱，万字纹床、面盆架、火盆架、衣架等；出现的装饰纹样有万字纹、灵芝纹、如意纹等（**图65-71**）。

在这些家具中，我们不难看出，不管是四出头扶手椅还是文椅，扶手下都不见安置联帮棍，座面较矮。衣橱或书橱上窄下宽，为江南俗称的"大小头"，门板"一门到底"，无"橱肚"装置。这些鲜明的时代特征，通过一一分析研究，对明代花梨家具的鉴别，无疑能起到至关重要的作用。

图 65 上海明潘允徵墓出土的
明器家具春凳（上海博物馆藏）

图 66 上海明潘允徵墓出土的
明器家具文椅和方桌
（上海博物馆藏）

图 67 上海明潘允徵墓出土的明器家具
毛巾架和铜盆架（上海博物馆藏）

图 68 上海明潘允徵墓出土的明器家具衣箱
（上海博物馆藏）

图 69 苏州明王锡爵墓出土的明器家具
平头案和铜盆架（苏州博物馆藏）

图 70 苏州明王锡爵墓出土的明器家具四出头扶手椅
（苏州博物馆藏）

图 71 苏州明王锡爵墓出土的明器家具衣架上的灵芝纹

3.《长物志》中记载的明代晚期家具史料

苏州人文震亨（1585－1645 年），明末画家，擅长造园，明四家之一文徵明的曾孙。他撰写《长物志》一书，正是在明万历以后至清代以前苏州地区花梨家具最繁盛时期。《长物志》出自一文学、书画、音乐、造园等均有素养的文人手笔，又经当世名儒之审阅定稿，从物质文化的角度，为今人研究明代文明提供的丰富的资料，对研究品格高雅的花梨家具，也越显珍贵。

书中对家具的雅俗论谈，对家具的用材、尺寸的具体要求，着实可以帮助我们去深入地领会、理解当时文人的家具喜好，让我们更好地把握花梨家具的风格特色和造物理念，从而理解花梨家具体现的人文精神，寻找到花梨家具的造型美学、形制和装饰表现。文震亨的《长物志》为研究明代晚期的花梨家具提供了有效的佐证资料。现分别列出当时家具的俗式与雅式，说明明晚期家具的形制与装饰风尚（表二）。

4.《遵生八笺》中记载明代文人喜欢使用的家具

《遵生八笺》系明代著名诗人、戏曲家高濂的一本杂著。据载高濂约明神宗即万历初年在世，生卒年不详，生平亦无考，浙江钱塘（今浙江杭州）人。《遵生八笺》是作者平日博览群书并记录，且参与己意，编成此书。[1] 从该书中对家具条款的记述，可知都是当时文人生活中使用的家具，有些为《长物志》中所不见，故一并罗列出（表三），同样可作为研究明代花梨家具的参考文献。

另据明何士晋汇辑的《工部厂库须知》卷九中记载，明万历十二年（1584 年），宫中传造龙床称："查万历十二年七月二十六日，御前传出红壳面揭帖一本，传造龙凤拔步床、一字床、四柱帐架床、梳背坐床各十张，地平、御踏等俱全。"[2] 可见这些"龙凤拔步床""一字床"（估计形制似平榻）"四柱帐架床""梳背坐床"等，也都是明代家具的实例。

[1][明]高濂撰：《遵生八笺》，《四库全书》第 871 册，上海：上海古籍出版社，1987 年。
[2]吴美凤著：《盛清家具形制流变研究》，北京：紫禁城出版社，2007 年。

表二《长物志》中记载的明晚期家具形制与装饰特征[1]

品种	尺寸	家具形制与装饰特征	
		俗式	雅式
榻	长七尺有奇,宽一尺五寸,坐高一尺二寸,屏高一尺三寸。	有四足、螳螂腿、大理石镶者、退光朱黑漆,中刻竹树,以粉填者,新螺钿者。	周设木格,中实湘竹,下座不虚,三面靠背,后背与两傍等,此为定式。有古断纹者,有元螺钿者,其制自然古雅。
短榻	长四尺,高尺许。		弥勒榻。
几			以怪树天生屈曲,若环若带之半者为之,横生三足。
天然几	长不过八尺,厚不过五寸。	四足如书桌式,狭而长者,雕龙凤、花草。	以阔大为贵,飞角处不可太尖,须平圆。照倭几下有拖尾者,更奇。或以古树根承之,空其中,略雕云头、如意之类。
书桌	四周镶边,阔仅半寸许。	狭长、混角、漆者。	中心取阔大,足稍矮而细。
方桌	列坐可十数人者,以供展玩书画。	八仙式,仅可供宴集。	旧漆者最多,极方大古朴。
壁桌	长短不拘,不可过阔。		飞云、起角、螳螂足,用大理及祁阳石镶者。
台几	种类、大小不一,以置尊彝。	红漆、狭小、三角诸式。	镀金镶四角者、嵌金银片者、有暗花者。
椅	宜矮不宜高,宜阔不宜狭。	折叠单靠、吴江竹椅、专诸禅椅。	乌木镶大理石者;踏足处,须以竹镶之。
杌	有二式,方者四面平等,长者可容二人并坐。	竹杌、绦环诸式。	圆杌须大,四足彭出。
凳		杂木,黑漆者。	用狭边镶者;以川柏为心,以乌木镶之。
交床	古胡床之式,携以山游,或舟中之用。	金漆折叠者。	两脚有嵌银、银铰钉圆木者。
橱	大橱有阔至丈余,深仅可容一册。小橱方二尺余者。	竹橱,小木直楞。门用四及六扇,铰钉白铜。	愈阔愈古,门必用两扇。小橱以有座者为雅,即用足,必高尺余。下用橱殿,仅宜二尺,不则,两橱叠置矣。橱殿以空如一架者为雅,铰钉以紫铜照旧式,两头尖如梭子,不用钉钉者为佳。

[1] [明]文震亨撰:《长物志》,《四库提要著录丛书》第56册,北京:北京出版社据明刻本影印,2010年。

（续表）

品种	尺寸	家具形制与装饰特征	
		俗式	雅式
佛橱佛桌		新漆八角委角。	用朱黑漆，须极华整，而无脂粉气。古漆断纹者，内府雕花者，日本制者。
架	大者高七尺余，阔倍之；小者可置几上，二格平头。	方木；竹架及朱黑漆者。	上设十二格，每格仅可容书十册，以便检取，下格近地卑湿，不可置书。足亦当稍高。
床		竹床及飘檐、拔步、彩漆、万字纹、回纹式。	宋元断纹小漆床为第一，次则内府所制独眠床，又次小木出高手匠作者。有折叠者，舟中携置亦便。
箱	大者盈尺。		古断纹者，上圆下方；作方胜、缨络等花。
屏		纸糊、围屏、木屏。	以大理石镶下座精细者为贵，次则祁阳石，又次则花蕊石。
脚凳	长二尺，阔六寸。		中分一铛，内二空，中车圆木二根。

表三《遵生八笺》中记载的明代文人使用的家具[1]

品种	尺寸	形制与装饰特征
二宜床	式如常制凉床，少阔一尺，长五寸。冬夏两可，名曰二宜。	方柱四立，覆顶当做成一扇阔板，不令有缝，三面矮屏，高一尺二寸作栏。夏月内张无漏帐，四通凉风，屏少护汗体。冬月，三面并前两头作木格七扇。
靠背	高二尺，阔一尺八寸。置之榻上，坐起靠背。	下作机局，以准高低。
靠几	高六寸，长二尺，阔一尺有多。置之榻上。	以水磨为之。
倚床	高尺二寸，长六尺五寸。	上置倚圈靠背如镜架，后有撑放活动。
短榻	高九寸，方圆四尺六寸。	三面靠背，后背少高。
藤墩		三角凳、八角水磨小凳、漆嵌花蜘圆凳。

[1] [明] 高濂撰：《遵生八笺》，《四库全书》第 871 册，上海：上海古籍出版社，1987 年。

（续表）

品种	尺寸	形制与装饰特征
仙椅	宽舒，可以盘足后靠。	后高扣坐身，作荷叶状靠脑，前作伏手，上作莲叶状托颏。
隐几	置之榻上，依手顿额可卧。《书》云："隐几而卧。"	以怪树天生屈曲，若环带之半者为之，有横生三丫作足为奇。
滚凳	长二尺，阔六寸，高如常。以脚端轴滚动，往来脚底，令涌泉穴受擦。	四桯镶成，中分一档，内两空，中车圆木两根，两头留轴转动，凳中凿窍活装。
禅椅	较之长椅，高大过半。	水摩者为佳。背上枕首横木阔厚。
叠桌	二张，一张高一尺六寸，长三尺二寸，阔二尺四寸。小儿一张，高一尺四寸，长一尺二寸，阔八寸。以便携带，席地用此抬合，以供酬酢。小儿置之坐外，列炉焚香，置瓶插花，以供清赏。	作两面折脚活法，展则成桌，叠则成匣。
提盒	高总一尺八寸，长一尺二寸，入深一尺。置果肴、鲑菜，远宜提，甚轻便，供六宾之需。	式如小厨，为外体。下留空，以板匣住，作一小仓。上空作六格，外总一门，装卸即可关锁。

（二）清早期家具史料分析

中国家具生产在清康熙盛世又迎来了繁荣的时期。李渔（1611—1680年），原名仙侣，号笠翁，生于江苏如皋。顺治八年（1651年）移居杭州，创作了许多戏曲小说。他兼具文人和商人两种身份，成为当时著名的畅销书作者。康熙元年（1662年），李渔从杭州迁居金陵。他于康熙辛亥年（1671年）在《闲情偶寄》中说：

> 器之坐者有三：曰椅，曰杌，曰凳。三者之制，以时论之，今胜于古。以地论之，北不如南。维扬之木器，姑苏之竹器，可谓甲于古今，冠乎天下矣。[1]

清初时期的家具，一方面秉承着明式的风格，另一方面在品种、器形、家具功能中显示了新奇、实用等方面的突破，给家具制作注入了新的气息。从《闲情偶寄》中可见李渔在家具制作中不唯材质、注重体现心思智巧的思想。

[1][清]李渔撰：《闲情偶寄》，《续修四库全书》第1186册，上海：上海古籍出版社据吉林大学图书馆藏清康熙刻本影印，2002年。

[1] [清] 李渔撰：《闲情偶寄》，《续修四库全书》第1186册，上海：上海古籍出版社据吉林大学图书馆藏清康熙刻本影印，2002年。

[2] 王世襄著：《明式家具研究》，北京：生活·读书·新知三联书店，2007年。

李渔说：但思欲置几案，其中有三小物必不可少。一曰抽替（抽屉），一曰隔板（可用可去的衬于桌面之下的活板），一曰桌撒（即垫在桌腿下找平的木块）。他还自己设计暖椅、凉杌，并将暖椅制法列图于后 **(图72)**。 [1]

释大汕，字石濂，东吴僧人。其刊行于康熙三十年的《离六堂二集》中有两幅木版插图 **(图73、74)**，是他的生活写照。在"读书图""卧病图"中有几、榻等家具，其富丽新颖的雕刻装饰可见一斑。其中回纹的应用，显示了新的时代特征。王世襄先生在评价这两张图时说："这两件家具不论造型或装饰都已接近乾隆时期宫廷中使用的紫檀器。" [2]

清初以李渔、释大汕为代表的文人、高僧、雅士，他们热衷家具的制作和创新，他们的观念已不再像明时文人那样一味崇尚古雅之风，而是体现了方便、实用的主张，家具面貌无不让人有新的感受。清代早期绘画中的家具与明代绘画中的家具相比，清代家具的气息上少了圆滑、柔美，而坚硬、平直、方正、繁细、厚重成了最直观的感受。这些我们可以通过清雍正《十二美人图》加以体会。

《十二美人图》反映了清代早期贵族妇女雅致的生活内容，展示了多彩的家具类形，有漆家具也有硬木家具，有明式也有清式。今天分析这些家具样式，为我们了解清代早期的家具，提供了许多有益的参考信息 **(图75-86)**。如图中方桌带有束腰 **(见图76)**，内翻马蹄足，有回钩纹装饰的桥梁档，双结圈结子。屏榻 **(见图77)** 有束腰，有托泥，镶嵌大理石，腿与牙板内侧雕饰回钩纹。文椅 **(见图82)**，圆梗，座面沿边浑圆，设有联帮棍，牙条细长。多宝格 **(见图83)** 周边装饰回钩纹花牙。

另外，在雍正年间"养心殿造办处各作成做"的家具资料（表四）中，对家具木材、名称均有明确的表述。

图 72 清李渔《闲情偶寄》中的暖椅

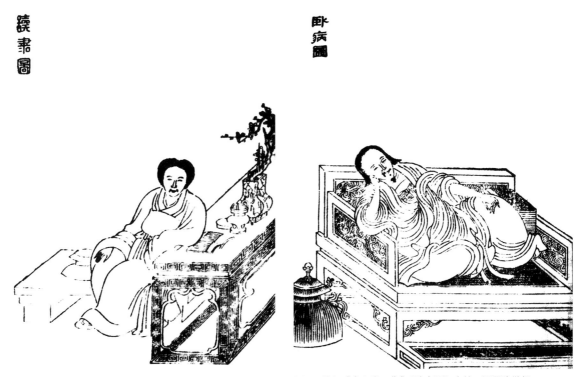

图 73 清初《离六堂二集》"读书图"中的带托泥有束腰书案　　图 74 清初《离六堂二集》"卧病图"中的三围屏弥勒榻

图 75 清雍正
《十二美人图·品茗》
中的黑漆描金书架、桥梁档
四面平桌和圆鼓凳（故宫博
物院藏）

图 76 清雍正《十二美人图·读书》中的回钩纹有束
腰方桌、天然根香几和圆鼓凳（故宫博物院藏）

图 77 清雍正《十二美人图·观鹊》中的嵌大理石屏榻和座屏（故宫博物院藏）

图 78 清雍正《十二美人图·赏菊》中的镜匣、香盒
和嵌瘿木桌（故宫博物院藏）

图 79 清雍正《十二美人图·念珠》中的嵌大理石
有束腰方桌、雕根瘤书架和方几（故宫博物院藏）

图 80 清雍正《十二美人图·倚门》中的黑漆
描金有束腰圆凳（故宫博物院藏）

图 81 清雍正《十二美人图·下棋》中的斑竹棋桌
（故宫博物院藏）

图 82 清雍正《十二美人图·缝衣》中的花梨文椅和四面平漆桌（故宫博物院藏）

图 83 清雍正《十二美人图·鉴古》中的多宝格、斑竹椅和黑漆方桌（故宫博物院藏）

图 84 清雍正《十二美人图·照镜》中的雕根瘤榻、琴凳和斑竹圆鼓凳（故宫博物院藏）

图 85 清雍正《十二美人图·观梅》中的六柱架子床（故宫博物院藏）

图 86 清雍正
《十二美人图·持表》中的
黑漆描金有束腰方桌、红漆
彩绘有束腰方桌和圆鼓凳
（故宫博物院藏）

表四 雍正年间养心殿造办处各作成做的花梨木家具 [1]

名称	尺寸	形制与装饰特点
藤屉抽长花梨木床	长六尺，宽四尺五寸，高一尺。	腿子做顶头螺蛳。
花梨木包镶有抽屉床	长七尺，宽四尺五寸，高一尺四寸八分。	
花梨木床		夔龙栏杆。
包镶花梨木床	长七尺，宽四尺五寸，高一尺一寸。	两横头各安抽屉二个。
宽靠背花梨木矮宝座		紫檀木边框。
花梨木边楠木心桌	膳桌	包镀银饰件。
花梨木边楠木心桌	膳桌	包赤金饰件。
花梨木折叠桌（修缮）		包镀金、银饰件等。
花梨木小桌、大桌（膳桌）		包赤金角。
花梨木雕寿字饭桌		
花梨木一封书桌	长三尺六寸，宽二尺二寸，高一尺四寸八分。	
花梨木图塞尔根桌	长三尺六寸，宽二尺四寸三分，高一尺八寸。	
镶银母花梨木桌（红、黑漆面各一）	长二尺三寸七分，宽一尺四分，高一尺一寸，边宽九分，厚九分。	腿卷云头半寸。
花梨木桌	长三尺三寸，宽二尺二寸五分，高二尺五寸七分。	
花梨木小案		

[1] 吴美凤著：《盛清家具形制流变研究》，北京：紫禁城出版社，2007 年。

名称	尺寸	形制与装饰特点
红漆面镶嵌银母西番花边花梨木桌	长二尺三寸七分，宽一尺四分，高一尺一寸，边宽九分，厚九分。	
黑漆面镶嵌银母西番花边花梨木桌	长二尺三寸七分，宽一尺四分，高一尺一寸，边宽九分，厚九分。	
黑漆退光面镶嵌银母西番花边花梨木桌	长二尺三寸七分，宽一尺四分，高一尺一寸，边宽九分，厚九分。	腿卷头一寸半分。
花梨木如意式桌	长二尺八寸八分，宽一尺三寸三分，高一尺五寸。	
花梨木桌	长二尺八寸八分，宽一尺三寸三分，高一尺五寸。	
花梨木格子	长四尺，高二尺七寸，宽一尺三寸。	中层安小抽屉，下层安大抽屉，共六抽屉。外面挂锻帘子，抽屉俱安西洋锁。
花梨木格子	长四尺，高二尺七寸，宽一尺三寸。	中层安小抽屉，下层安大抽屉，五、七、八抽屉各一。外面挂锻帘子，抽屉俱安西洋锁。
花梨木书格	高六尺五寸，宽五尺三寸，入深五尺三寸。	
镶黄蜡石面花梨木香几	长依嵌绿色紫檀木香几样成做。	
乌拉石面花梨木香几	依石面花梨木香几样成做。	
花梨木几		安在花梨木案上。
花梨木格案香几		搁在花梨木案两头下。
花黎（梨），木竖柜	高五尺九寸六分，宽三尺六寸，深一尺六寸八分。	中层二抽屉，上层一屉板、一抽屉，中层安隔断板锁钥匙。俱钉白铜饰件。

（三）清中期家具史料分析

乾隆时期是清朝经济发展的鼎盛时期，乾隆五年（1740年），在金昆等人所绘《庆丰图》中（**图87**），盛世的繁荣景象跃然纸上。画中家具店内罗列了各色品种的家具，其中有镶嵌山水大理石座屏、十二扇折屏、檐边及四面围屏有木雕装饰的六柱架子床、镶嵌大理石马蹄足三屏榻、鼓腿膨牙带托泥宝座、有束腰内翻马蹄足方桌、四平式霸王枨长桌、矮背靠背椅、有书卷几架案、翘头案、高型方花几、有束腰鼓腿膨牙圆花几、鼓腿膨牙四腿圆杌。

从总体上来看，家具店所售的家具已经是清代的家具品位，而家具店周边也散落着一些简朴的明式桌案几榻。清乾隆时期，明式家具再一次复兴，但图中的家具更多地呈现出清代中期新颖的家具式样。

此外，仔细观察图中所绘制的家具，其色彩有浓淡区别：颜色深浅的变化有的体现在家具自身的装饰上，有的是家具与家具之间的差别。这说明在乾隆时期的家具，表现出追求不同材质的装饰效果。图中大部分家具为深色，也有浅色家具，说明乾隆时期深色基调家具是时尚特征。

画面中有一圆几，虽然体型大，体现的却不是方直的清式家具感觉；相反，直观其为圆润、纤细、柔和；仔细看面为海棠花式，充满着明式家具的自然灵透。上海博物馆展出的一件清花梨五足圆花几，与此几有几分相似（**图88、89**）。

图 87 清乾隆《庆丰图》中的各式家具（故宫博物院藏）

此外，在乾隆朝"宫中·进单"与"贡档"中，也有花梨家具的记录。如：

花梨画桌两张，花梨琴桌两张，花梨边绢心花卉十二扇，花梨雕花方灯四对，雕刻竹式花梨宝椅一座，雕刻竹式花梨香几一对，雕刻竹式花梨书桌一件，雕刻竹式花梨膳桌一对，雕刻竹式花梨炕书架一对。[1]

此处又出现一具有明显清代中期特征的装饰——竹式雕刻。

图 88 清乾隆《庆丰图》（局部）中的圆几

二　明清花梨家具的鉴别

花梨家具是始发于明代晚期、具有典型时代风格特色的家具。它基于花梨的材质，以质朴优雅的线条为其鲜明特征，完美表现了明式风格。经历了从明代晚期的兴盛发展，清代早、中期的复兴，历时 200 多年。花梨家具在不断地继承和创新中，呈现出了不同的面貌。

（一）从风格上鉴别花梨家具

花梨家具创立初年，"尚古朴不尚雕镂，即物有雕镂，亦皆商、周、秦、汉之式"，[2] 纯正地体现着当时文人的审美趣味。

明末清初有市俗化风尚的趋向，即便讲究古雅情趣的花梨家具业，也很难不受世俗风尚的影响而转变。在《长物志》的记载中，作者把文人使用的家具标准与媚俗的市侩观念做了对比，并对当时吴人"心手日变"的趋势深感担忧。其卷六"几榻"的开头，文氏就指出："古人制几榻，虽长短广狭不齐，置之斋室，必古雅可爱，又坐卧依凭，无不便适。"然"今人制作，徒取雕绘文饰，以悦俗眼，而古制荡然，令人慨叹实深"。[3]

入清以后，许多文人在家具中提倡"新奇大雅"，在

图 89 花梨五足圆花几（上海博物馆藏）

[1] 吴美凤著：《盛清家具形制流变研究》，北京：紫禁城出版社，2007 年。

[2] ［明］王士性著，吕景琳点校：《广志绎》，北京：中华书局，1981 年。

[3] ［明］文震亨撰：《长物志》，《四库提要著录丛书》第 56 册，北京：北京出版社据明刻本影印，2010 年。

原先已有的形制之外，更注重倡导家具的新奇和实用功能。此时清式风格的家具已经萌发而流行，这也致使当时的花梨家具出现了许多新的形式。

清代中期清式家具已经成为社会的主流，花梨家具作为一种独特的家具风格依然在延续着，尤其在江南地区。而此时的花梨家具在清式家具的映衬下，其格调却更是显露着一种与众不同的遗风。无论在宫廷还是在文人生活中，花梨家具并没有完全退出历史舞台，然而毕竟已是强弩之末，呈现出时人的一种怀旧或复古的思想，其制作也多为古代花梨家具形制上的模仿。因此，在中国木作工艺鼎盛时期的清代中期，花梨家具形式上表现出明显的程式化倾向。装饰上的华丽，使家具在整体上失去了原来古朴的韵味和气质。许多家具在形制和风格上由于受时代的影响，反映的是浓重和瑰丽的装饰气息。这些都是我们在对花梨家具的鉴别中，必须获得的基本历史知识。

（二）从品种上鉴别花梨家具

不同的历史时期形成了不同的典型家具品种，把这些典型品种发掘出来，对于家具年代的鉴别，能发挥出重要的作用。折桌与折叠桌就是明代早期历史资料中记载的典型品种。

《鲁班经》里有这方面的详细记载："折桌式。框一寸三分厚，二寸二分大。除框脚高二尺三寸七分整，方圆一寸六分大，要下稍去些。豹脚五寸七分长，一寸一分厚，二寸三分大，雕双线，起双沟，每脚上二笋，开豹脚上，方稳不会动。"[1]

折桌的实物并不多见，但从所见传世家具不难看出，其年代都较早。有一件花梨有束腰折桌（**图90、91**），桌长100厘米，高86.5厘米。形制较为宽阔。桌腿可以拆卸，形成高桌与矮桌两种可供使用的形式。上部是有束腰、

[1]［明］午荣编，张庆澜、罗玉译注：《鲁班经》，重庆：重庆出版社，2007年。

图 90 花梨有束腰折桌（故宫博物院藏）

图 91 花梨有束腰折桌可拆的腿

三弯腿矮桌，足端外翻，牙板上是简练有致的壶门式花牙；下部是圆形的案腿形式，分别由三横档固定两腿为一组，腿的上顶端高矮各有一露榫，分别固定于矮脚上。制作年代应在明末清初。

以后常见有"展腿式"半桌，应该是前者的滥觞，故大多保持着其形体的外部特征。如上海博物馆有花梨展腿式半桌一件（图92、93），长104厘米，宽64.2厘米，高87厘米。这种形制的桌子比较特别，上部是矮几的形式，再装上四柱础式圆腿，显然是折桌固定后的一种造型。因此，这种品种的形成年代不会早于前者。这件半桌有极富丽的雕刻纹样。束腰浮雕荷叶边裙；在壶门牙子上，深雕双凤朝阳与祥云纹；角牙雕龙纹；在展腿的上端雕卷草纹；腿与桌面下的托档与卷云纹霸王枨相连接。显然，这类展腿式的半桌，做工考究，精而不艳，繁而不俗，独具匠心，是一件十分精美的清中早期家具作品。

图92 花梨展腿式半桌
（上海博物馆藏）

图93 花梨展腿式半桌上的龙、
凤、祥云及卷草纹装饰

在《遵生八笺》中，也记有可折叠的桌几：

　　叠桌。二张，一张高一尺六寸，长三尺二寸，阔二尺四寸，作两面折脚活法，展则成桌，叠则成匣……其小几一张，同上叠式，高一尺四寸，长一尺二寸，阔八寸。[1]

　　雍正元年（1723 年），在养心殿造办处的有关档案中，还多处提到对这种形制的"花梨木折叠桌"和"楠木折叠腿桌"进行修缮的记录。[2] 这类桌、案或几，都以方便携带、使用便利为优点，且设计灵巧，工艺精致，是一种较早形成的产品类型。

　　在中国国家博物馆陈列着这样一张花梨折叠桌，长71 厘米，宽 44 厘米，高 25 厘米 （**图 94**）。此桌攒边装板，面下直牙条，曲腿外翻马蹄足，足下接方斗状垫脚。肩内设一转轴，轴与腿连接，可使腿旋转。腿间安装两根横档，上档与腿固定连接，下档与腿活装，可以转动。桌底有穿带三根，分别用来固定桌腿展开和收起时的攒边外框。此桌精巧、生机、灵动，可看到展而为桌、叠而为匣的独特匠意。时代应为明代晚期。

　　这里还可举一花梨折叠式平头案为实例 （**图 95**、**96**）。此案面长 208.6 厘米，宽 63.5 厘米，高 85.8 厘米。做法是将案每侧的两足用三根横档连成一个可装可拆的构件。

[1]［明］高濂撰：《遵生八笺》，《四库全书》第 871 册，上海：上海古籍出版社，1987 年。
[2] 吴美凤著：《盛清家具形制流变研究》，北京：紫禁城出版社，2007 年。

图 94 花梨折叠桌可折叠的活腿（中国国家博物馆藏）

装时把两足之间上部横档贴近案面下的穿带插上活销，拆时拔出活销；两边牙板两顶头都设置圆轴榫，用它插入案面端头厚板的轴孔内，拆下案足，牙板可通过轴榫的转动而卧倒。竖起牙板仍用夹头榫夹住后，将足顶头榫舌装进案面大边的卯孔即完成。此案应是明末时期的制品。

图 95 花梨折叠式平头案
（引自王世襄：《明式家具研究》）

图 96 花梨折叠式平头案结构图（引自王世襄：《明式家具研究》）

（三）从结构上鉴别花梨家具

　　花梨家具在传承制作的历史长河中，出现许多造型、结构上的变化，这些变化即是遗留的时代印记，往往是鉴别其制作年代的重要依据。清代的花梨家具随着形体向上发展的审美趋势，形体变化使得家具内部构造也随之发生了许多改变。如，椅子扶手下的联帮棍，在明代少见，而在清代逐渐增多，其重要原因是座面、扶手提高后，一方面辅助鹅脖的支撑，加强其牢度；另一方面在装饰效果上，增进椅子视觉上的稳定感、时代感，保持上中下三部分的平衡效果。所以，我们通过局部结构的变化，同样可以了解到家具制作年代的信息，做出相应的正确判断。

　　此外，花梨家具与清式红木家具在结构上有明显的变化。清代中期以后，红木家具的装饰增多，造型简朴的传统设计观念减弱，工艺结构上也复杂多变了。如明代花梨榻围板的结构变化单纯，相比之下，清代屏榻结构复杂，而更讲究富有变化的装饰效果。又如清式的座屏两侧都带立柱，原因是屏心高而狭，故屏座的结构分开做，屏座下的虚镶和披水牙子都与立柱相连，屏心插入起凹槽的立柱内，这就是以后"插屏"的定式。从明代版画中的屏风（**图97**）与清《点石斋画报》中的屏风（**图98**），就可十分清楚地看到两种屏风侧旁立柱的变化。

图97 明万历《西厢记》插图中的抱鼓墩座屏　　　图98 清光绪《点石斋画报》插图中的嵌大理石座屏

（四）从装饰纹样上鉴别花梨家具

每个时期的装饰纹样有自己的特点，依据装饰纹样来判别家具时代的早晚是鉴定花梨家具的一个重要方面。如"雕双凤朝阳，中雕古钱，两边雕睡草花。下佐莲花托""略雕云头、如意之类""十字""万字纹""灵芝"等，都是明代家具上的典型装饰纹样。清式家具中，其年代的差别根据纹样的变化更加明晰可辨。

1.《鲁班经》《长物志》中出现的明代家具装饰纹样

桌案类：勒水花牙、三弯勒水、豹脚、龙凤花草、略雕云头、如意；

椅凳类：花牙勒水、卷草双钩、花牙、雕花；

橱柜类：方胜、璎珞；

榻床类：两二万字或十字、螳螂腿、万字纹、回纹式；

几架类：双凤朝阳、古钱、两边睡草花、下佐莲花托、倒挂花牙、转鼻带叶、合角花牙、灵芝；

箱：合角斗进、虎爪双钩；

屏：日月掩象鼻、水花、田字。

2.清宫档案中记载的雍正年家具装饰纹样

桌案类：腿卷云头、寿字、夔龙、寿意夔龙、腿山水花纹、如意式、瑞花寿字；

椅凳类：五福流云、夔龙捧寿；

榻床类：腿子做顶头螺蛳、夔龙栏杆、笔管栏杆；

橱柜类：夔龙栏杆；

几架类：寿意、万事如意、福寿如意、瓜式、福寿双圆、甜瓜式；

屏：流云、寿字、岁岁双鹤、加贴寿字、八仙祝寿、福寿长春、曲尺、松柏鹤鹿同春。

3.清宫档案中记载的乾隆年家具装饰纹样

桌案类：如意、竹式、汉纹、香莲、洋花、绳纹、汉纹云蝠、葫芦、冰梅、汉纹夔龙；

椅凳类：吉庆如意、祥花呈瑞、博古、梅花、竹式、松鹤；

榻床类：博古、博古锦地、夔龙；

橱柜类：博古、万福流云；

几架类：万福如意、菊花瑞草、万卷书、洋花、梅花；

箱：云龙、博古；

屏：万福流云、花卉、花卉人物、洋花、瑞竹、岁朝吉庆、一统万年、盆荷刻竹、春水游鱼、雨景山水、云壑烟峦、松扉竹榭、春雏待饲、渔樵耕读、夔龙、番草。

三　明清花梨家具的收藏

自 20 世纪 90 年代以来，花梨古旧家具收藏市场不断掀起新的高潮，这主要因为花梨家具时代较早，具有典型的历史价值，加之其独特的文化、艺术特性，往往博得收藏者的钟爱。花梨家具存世量少，流通量低，受国外收藏市场的影响，国内收藏市场的经营运作，从而出现了花梨家具市场价格以惊人速度上涨的势头。

面对着如此高昂的价格，究竟应该如何看待花梨家具的真正价值，往往仁者见仁，智者见智，各不相同，甚至是大相径庭。古旧花梨家具历经岁月，越发体现出其时代赋予的一种精神，是历史文化和优秀艺术的积淀。在收藏中要善于用比较的眼光，把握住花梨家具真正完美体现出来的历史、文化和艺术价值。

（一）把握历史文化气息

中国古代家具顶峰时期的花梨家具，以明式家具为主流，是文人物质生活观念和文化追求的反映。他们的造物旨意总是体现在一个"文"字上，是这种"文"化的物质，才使我们看到那些老家具时，总是那么津津有味，看到了艺术的真正意义，看到了文化的不朽价值，这是现代仿古家具完全无法相提并论的本质差别。房龙曾经说："每一个时代，都有它的歌唱、绘画或建筑方式。不论我们怎样努力（我们下过很大功夫），我们抓到过去一代的艺术的神韵的希望是不大的。"[1] 故而，对古老家具斑驳中留存的气息和精华的把握，就是对我们民族物质文化的识别和历史信息的提取。家具整体的品相、造型的尺度以及种种人文内涵，都需要我们通过实体古物的理解，才能真切体会到它们给我们留下的独特价值。

在上海博物馆的庄氏家具馆中，左墙一排的展台上，同时摆放着两件花梨圈背交椅 (**图 99**)，标签上注明的年代

[1] ［美］房龙著 :《房龙音乐》，西安 : 太白文艺出版社，1998 年。

107

图 99 上海博物馆展出的两件花梨圈背交椅（上海博物馆藏）

都是明朝。如果表述一下参观时获得的感受，应该说这两件交椅是很有些差异的。上图左侧清花梨浮雕如意双螭纹圈背交椅（**图100、101**）颜色近乎有些暗淡，已失去了光泽莹润的漆色，木质的纹理直，呈弧形的靠背为独板，俗称"朝板式"，上面浮雕如意纹；交椅上部的圈背和扶手十分平和，由高渐低、从后向前的变化显得平缓自如；支在地上的两椅腿前后跨度较大，使椅子整体显得很稳。交椅腿部的雕刻精细传神。踏脚上的铁锬银配件上，中为古钱，两边睡草花，已满是锈色，整体用料细巧（不过笔者近期去上海博物馆，发现此椅又经过整饰，表面已光泽莹润）。

上图右侧清花梨雕麒麟灵芝纹圈背交椅（**图102、103**）依然华丽鲜亮，呈琥珀的金黄色泽；三段式 S 型靠背，上面透雕螭龙如意及麒麟花纹；椅背圈后高前低，急速下滑。支在地上的两腿前后跨度不大，从椅子整体上看显得脚有些缩紧。椅腿上面的雕刻处理，显得有些简单化，只是保留着外在的一种形式。

可见图 100 的圈背交椅整体协调好，在迎面上并不显示雕刻，给人以素净的感受，具有早期花梨家具的特征。而图 102 的圈背交椅的时代显然比前例要晚，有可能是乾隆以来对明式家具形式沿用制造而产生的缺憾，形似而气息荡然。

通过比较两椅腿的区别，图 102 的圈背交椅的腿不是圆的，是方腿做圆角，可见这也已是程式化制作。

108

图 100 花梨浮雕如意双螭纹圈背交椅（上海博物馆藏）

图 101 花梨圈背交椅背板上的浮雕如意双螭纹

图 102 花梨雕麒麟灵芝纹圈背交椅（上海博物馆藏）

图 103 花梨圈背交椅背板上的透雕螭龙如意纹和麒麟灵芝纹

（二）在比较中鉴别真伪

在花梨家具收藏中，要注重对家具珍贵与家具一般的判断，更需有真假的判断。面对目前市场上古旧花梨家具太多的赝品，需要家具爱好者以敏锐的眼力来鉴别。有的花梨家具由于部件残缺，是后来补齐的；而有的则是商家对家具进行了分拆组合；还有的则完全是现代的仿制家具。对缺乏经验的家具爱好者来说，这些赝品一般很难甄别。这需要细心观察、反复比较才能获得经验。

上海博物馆展示的一件清花梨卷草螭龙纹炕几，造型大气，炕桌面的心板边缘镶嵌一条窄木条，当有修补过的痕迹。经仔细观看，会明显感觉到牙板的材质与桌的其他部位不同，牙板上的雕刻线条不圆，比较粗糙，缺乏力度。这仅仅是某些家具部件给我们的表面感受。但在花梨家具收藏中，这会是启发我们进一步仔细观察的很好的提示（**图104、105**）。

图 104 花梨卷草螭龙纹炕几桌面面板（上海博物馆藏）

图 105 花梨卷草螭龙纹炕几上的牙板疑似后补

当你对家具真品看得多了，再看到仿制品家具时，总会有一种不舒服的感觉。由于现代模仿制作者急于求成的心态，在仿制家具上缺乏古旧家具手工加工的特殊温润的气息，这种历史气息往往可从雕刻的花纹中体现出来。在花梨家具的真伪鉴别中，观察纹样的雕刻往往是个有效的方法。特别是与家具真品摆放在一起，对比之下很容易看得清楚。

这是一对黄花梨椅背上的雕刻（**图106、107**），名为母子螭。一件是真品，一件是仿制品。真假的区别在于真品的雕刻非常灵动，小螭与母螭在一起的生动画面活灵活现。仿品只是有形而无神，细看仿品的母螭螭爪好像一节木棍，僵硬死板；雕刻的线条也浮躁粗劣，缺乏圆润；小螭的造型很不准确。这些都会让我们在辨伪中得到清晰的感受。

再就以下三件相同的花梨方凳作为鉴定的实例。一件是刊登在王世襄《明式家具研究》之甲23的"三弯腿罗锅枨方凳"（**图108**），另一件是王世襄1985年版《明式家

图 106 黄花梨椅背上的母子螭纹饰
（真品）

图 107 黄花梨椅背上的母子螭纹饰
（仿品）

图 108 花梨有束腰三弯腿罗锅枨方凳

具珍赏》图 24 的"明黄花梨有束腰带托泥罗锅枨方凳"（图 109、110），再一件是 2010 北京一次拍卖会中的拍品"明黄花梨有束腰三弯腿罗锅枨方凳"（图 111、112）。

王世襄先生书中的两件方凳，第一件方凳三弯腿足端外翻，上雕刻精致的卷珠搭叶，为北京硬木家具厂藏品，他在《明式家具珍赏》中标为"明黄花梨"制品。

第二件为残足，被认为"腿足下端被截短并装上了托泥"，因托泥后配，故认为是一件改制品。因首先发现的是家具花梨有束腰带托泥罗锅枨方凳（见图 109），而后又接触家具花梨有束腰三弯腿罗锅枨方凳（见图 108），故王世襄先生在《明式家具研究》文字

图 109 花梨有束腰带托泥罗锅枨方凳

图 110 花梨有束腰带托泥罗锅枨方凳上的浮雕兽面纹

介绍中说："待见此对，乃知失察，它们本无托泥而是落地的三弯腿。从这里得到教训，如器物残缺不全，宜存疑待查，不可主观推测下结论，这样可以免犯错误。"[1] 故而他在2003年《明式家具珍赏》和2007年《明式家具研究》再版时，做了更正，都换为家具花梨有束腰三弯腿罗锅枨方凳（见图108）。

[1] 王世襄著：《明式家具研究》，北京：生活·读书·新知三联书店，2007年。

图 111 老花梨有束腰三弯腿罗锅枨方凳

图 112 老花梨有束腰三弯腿罗锅枨方凳上的浮雕兽面纹和夔龙纹

第三件方凳介绍中说："此方凳为明代晚期制作，雕饰繁复，风格华丽，工艺考究。凳面落堂作，硬席心。束腰，大外翻三弯腿，原有托泥，现已丢失。牙板铲地浮雕卷草螭龙纹，肩部浮雕兽面披肩，罗锅枨两端浮雕螭龙纹。"

三件凳子中，见过拍卖会上的一件实物，另王氏著作中的两件仅见书中刊图，但图片很清晰。通过仔细比较，我们不难看到，这三件方凳它们的年代都不到明代。首先，直观上，三件家具的用材色泽差异很大，一为红紫，一为珀黄，一为深褐。这是三种不同的花梨材质。其次家具榫卯结构有区别，图108、109方凳座面面框为出榫做。另外，它们的雕刻纹饰、造型神态均有不同，虽差异不大，但这种差异不是不同家具纹饰雕刻的差异，而是时代不同的差异、仿造品与真品之间的差异。表现在它们所作图案的构图与比例上，有着大相径庭的区别。图109方凳虽然腿足做了改制，是一件家具残件，但此方凳在三件中时代为最早，是清代早期的作品，图108方凳时代要晚，为清代中期作品，而图110方凳应是依据图109方凳做的一件仿制品。

总之，花梨家具追求的是典雅精致，其特别注重形体的权衡、比例和尺度，以能达到最大程度合乎理想的审美要求。花梨家具在设计、意匠、制作、装饰的把握上，不仅与家具主人的艺术修养、工匠的技艺水平有关，同时更与一个时代的风格、地域特色和人文环境有着直接的关系。可见收藏也好、鉴定也好，必须以花梨家具的历史文化为基础，在理论研究和社会实践中不断得到提高。

第五章

中国花梨家具的分类鉴赏

花梨家具品类丰富，形制多样，结构至善，形体至美，每一件家具都能以不同的形式让人获得审美感受，构成一件件纯真和谐的艺术品。下面以传世的家具为实例，以案、桌、椅、凳、榻、床、橱柜、几、架、屏等为序，分别作简要的鉴别和品赏。

一　案

案，在我国古代居室中是主要的承具之一，有悠久的历史。商周以前就已有实物可见，后来历代皆有不同功能和造型的案出现 (**图 113-117**)。案源自有足的食盘，有所谓"无足曰盘，有足曰案"之说。案与桌的区别，是通常把采用缩进式的构造，即腿不装在面四角的称为案，装在四角上的称为桌。然而在日常生活中，对"案"与"桌"名称的使用，其区分并不十分严格，很多案形结体的也常被称为桌。如方形的案就往往被称为方桌；有的画案、书案也被叫为画桌、书桌；有的小案还被称为几。

图 113 山西襄汾陶寺墓出土的新石器时代几何勾连纹漆木案

图 114 广州沙河顶东汉墓出土的铜樏案

图 115 唐王维（传）《伏生授经图》卷中的书案

画楝珠帘烟水中蒲霞孤鹜缥缈间
无限于年悲往事不堪重借问
一阵风
音昌唐寅为
德辅郢先生作诗意
图

图 116 明唐寅《落霞孤鹜图》轴
（上海博物馆藏）

图 117 明唐寅《落霞孤鹜图》轴
（局部）中的书案

依据不同的功能和陈设位置，见有书房中的画案、书案，厅堂中的供案，炕上盘坐使用的几案等。依据形制的不同，案又大致可分为平头案和翘头案，它们的主要区别在于案面两端头呈平直或飞角状。在古代小说中有许多关于花梨案的记载。如清郭小亭《济公全传》载：

高打竹帘，三个人进到上房一看，见靠北墙一张花梨俏头案，头前一张八仙桌子，一边一张椅子。

到窗外一看，见那边有个小小窟窿，眇一目往里看，只见靠北墙是花梨俏头案上，摆上好古玩，顺前檐是一张大床，上放着小几。[1]

[1] [清] 郭小亭著：《济公全传》，长沙：岳麓书社，2014 年。

清贪梦道人《永庆升平后传》载：

阎明带二人进了上房一瞧，靠北墙是一条花梨俏头案，上面摆着四盆盆景，那边摆着君浪窑磁器四样，中间摆着龙泉窑果盘，里面贮的时式果子。[1]

清姜振名、郭广瑞《永庆升平前传》载：

站在上房廊子底下，偷眼往屋内一瞧，见屋内靠北墙有一条花梨的搁几案，案前有八仙桌儿一张，一边一把太师椅子。[2]

清曹雪芹《红楼梦》载：

当地放着一张花梨大理石大案，上磊着各种名人法帖，并数十方宝砚，各色笔筒，笔海内，插的笔如松林一般。[3]

清郭广瑞、贪梦道人《康熙侠义传》载：

花木清香庭草翠，琴书雅趣画堂幽。是名人手迹。在北墙花梨条案上摆着炉瓶三件、果盘等物。这是两明间在西，一暗间在东，条案两头靠北墙是后窗户，窗户里是茶几、杌凳儿。[4]

清贪梦道人《彭公案》载：

房里有一张梳头桌，靠北墙是一张花梨条案，摆着两盆盆景，当中是水晶鱼缸，两旁有玉泉窑的大果盘。

只见北窗下有一张花梨条案，上面有五个大斗，斗上用红绸盖着，有符押着，在正中供着一张八卦太极图。

行至上房，便有一个十五六岁的小童，打起帘子，只见靠北墙有花梨条案，上摆郎窑果盘、水晶鱼缸、官窑磁瓶。墙上挂着八扇屏，画的山水人物，俱是名人笔迹。

王中堂见那楼是五间，靠北边墙是花梨条案，上摆古玩。墙上名人字画，画的是大富贵多寿考，牡丹花鲜

[1] [清] 贪梦道人撰：《永庆升平后传》，南昌：百花洲文艺出版社，1996 年。

[2] [清] 姜振名、郭广瑞著：《永庆升平前传》，北京：北京十月文艺出版社，1995 年。

[3] [清] 曹雪芹撰：《红楼梦》，戚序本，《古本小说集成》第 39 册，上海：上海古籍出版社，1994 年。

[4] [清] 郭广瑞，[清] 贪梦道人著：《康熙侠义传》，北京：北京燕山出版社，1997 年。

艳无比，两边各有一条对联，写的是：司马文章元亮酒，左军书法少陵诗。[1]

[1]［清］贪梦道人等撰：《彭公案》，北京：北京燕山出版社，1996年。

[2]濮安国著：《明清家具鉴赏》，北京：故宫出版社，2012年。

（一）平头案

1. 花梨千拼大案（图118-120）

长340厘米，宽91厘米，高88.7厘米。

苏州西园寺内藏有一件花梨千拼大案，是明清家具中极为罕见的重器。它的造型是典型的明式风格，与清代大厅中堂摆放的狭长形供案完全不同。花梨千拼大案形体尺寸硕大，宽大的器形，处处透露着文化信息。濮安国《明清家具鉴赏》一书中，将它与现存故宫博物院和上海博物馆的两件长案做了比较，两案分别为长343厘米和长350厘米，但宽度却比此案窄得多。故宫博物院藏的铁梨木翘头案宽仅50厘米，上海博物馆藏的平头案宽仅62.7厘米。[2]在相近的长度下，宽狭相差甚大。后两案若摆放在清代中堂屏墙前，墙上悬挂对联，案上

图118 花梨千拼大案案面（局部）

图119 花梨千拼大案

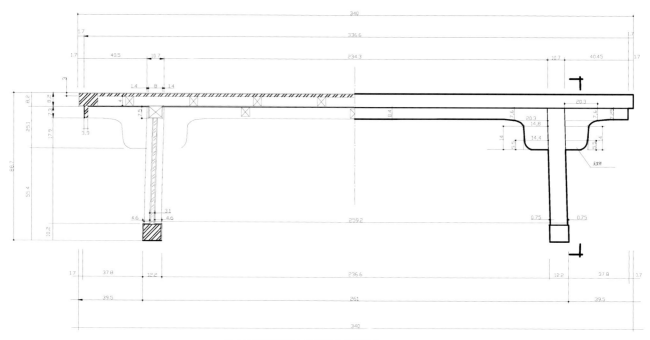

图 120 花梨千拼大案线图（高峰绘）

放置花瓶供物，即是典型的清代厅堂的陈设。但此件寺院中的大案却不能表现此类功能，而是与《长物志》中描述的"以阔大为贵""须平圆"的形制相似。如此大的尺度，没有一处雕饰，形体文静素雅，显示出一种沉稳而又辉煌的气象，在浑然一体中让人肃然起敬。走到近处，还会发现，此案是用了近3000片大小不一的菱形及三角形木片包镶而成。这独特的嵌接装饰，使此案散发自然活泼的灵性，更增加了耐人寻味的审美感受；巧思与精湛的制作工艺，传递出几百年前的文化思想。应为清中期作品。

2. 花梨素牙头嵌铁力木面心平头案 (图 121)

长 235 厘米，宽 73 厘米，高 78 厘米。

平头案圆腿直足，简洁光素，是花梨案的经典款式。案面打槽镶嵌铁力木面心，夹头榫、素牙头，牙头与牙板为一木连做。独具匠心，耐人寻味。应为明末清初时期的作品。

3. 花梨凤纹牙头平头案 (图 122)

长 92.5 厘米，宽 52.5 厘米，高 78 厘米。

平头案侧脚收分明显，案面边起拦水线，冰盘沿双边线，腿子中间亦起双线，边起阳线，凤纹牙头，凤首造型尤为古拙，两卷相抵，玲珑空透，装饰特征鲜明，应为明末清初时期的作品。

图 121　花梨素牙头嵌铁力木面心平头案（故宫博物院藏）

图 122　花梨凤纹牙头平头案
（故宫博物院藏）

4. 花梨可脱卸挖裁割逆角平头案 (图123、124)

长108.5厘米，宽65.3厘米，高82.5厘米。

平头案冰盘沿大倒棱压边线，面框格角攒框镶心板，面板下置托档三根，左右两根做出榫。前后两足间，安装的双档也做出榫。夹头榫、牙条、牙头用通料挖裁做成，割逆角，与常见牙条、牙头采用分做的构造方式有所不同；腿上端打槽出榫，与一般做法也有区别，这可方便案面的脱卸和安装。应为清代早期作品。

图123 花梨可脱卸挖裁割逆角平头案
（苏州园林博物馆藏）

图124 花梨可脱卸挖裁割逆角平头案
的牙头造型

图 125 花梨镂空亮脚如意牙头平头案
（原北京硬木家具厂藏）

5. 花梨镂空亮脚如意牙头平头案 (图125、126)

长110厘米, 宽55厘米, 高81厘米。

平头案案面打槽嵌心板，腿子与横档均用方料做，腿足两边及中央起阳线，横档做法亦同。夹头榫、冰盘沿、牙头装饰如意纹，与牙条相接处镂空亮子。如意牙头的造型如同明代版画中所见，此类平头案多与书写绘画有关，当是明代书案、画案时尚形制的一个实例。制作年代应为明末清初。

图 126 明《摘锦奇音·金印记》插图中的带格层夹头榫小书案

图 127 花梨带格层夹头榫小书案
（苏州雷允上后人收藏）

图 128 花梨带格层云纹小书案
（引自濮安国《明清苏式家具》图 199）

6. 花梨带格层夹头榫小书案 (图 127)

　　长 74.7 厘米，宽 50.5 厘米，高 83 厘米。

　　小书案案面框内嵌心板，冰盘沿大倒棱压边线，方腿，素牙板，腿间设隔板，便于放置书籍等物品。此类式样是苏州地区广为流行的一种款式，简洁清雅，文人书房中适用。

7. 花梨带格层云纹小书案 (图 128)

　　长 67.5 厘米，宽 39 厘米，高 74 厘米。

　　此案除做圆腿外，与前例形制式样几乎相同，仅牙头改做云纹，牙头、牙板外边缘起阳线，隔板档下设一素牙条，小案灵秀古雅。

（二）翘头案

1. 花梨如意卷云纹插肩榫翘头案 (图129、130)

长 140 厘米，宽 28 厘米，高 87 厘米。

这件花梨插肩榫翘头案，案面为独板，腿部外形如剑，中央、边缘均起阳线，足端做卷云纹，案面平直，衬出别致精巧的翘头。案体造型含蓄有意蕴，轻巧匀称，挺拔隽永，为一件明式家具的优秀之作。制作年代应为清代中期。

图 129　花梨如意卷云纹插肩榫翘头案
（上海博物馆藏）

图 130　花梨翘头案的如意卷云纹牙头造型

2. 花梨如意灵芝纹独板翘头案 (图131)

长 216.5 厘米, 宽 44.5 厘米, 高 82.5 厘米。

翘头案为独板可拆装活榫结构, 整案宽厚、有力度。翘头、牙板、牙头、侧脚的适当安置, 使案稳重中显露着精巧和轻盈。牙头与牙板为一木连做, 腿部看面做竹爿浑, 两边起线, 腿间档板上雕刻灵芝纹。线脚如经络, 雕刻寓意吉祥, 整案精致典雅。

图 131 花梨如意灵芝纹独板翘头案
（中国国家博物馆藏）

3. 花梨嵌瘿木如意纹翘头案 (图132)

长 120 厘米，宽 41 厘米，高 80 厘米。

翘头案案面边框内镶仔框，框内嵌瘿木心板。夹头榫、牙头锼出孔饰。腿四面倒棱，正中打洼。两腿间装横档，横档与腿子做法相同。档间装牙板亮出海棠形绦环板，足下承托泥，两侧为曲边，形制轻盈古雅。

图 132 花梨嵌瘿木如意纹翘头案
（故宫博物院藏）

二　桌

桌字源出"卓"。《说文解字注》中注曰："卓，高也"，是高而立直之意，可见，桌是在由"席地而坐"的低矮型家具向"垂足而坐"的高型家具发展中逐渐形成的。因此，桌的造型常让我们更多地感受到其腿足的变化。

桌的主要功能是起承托、置物和便于操作之用。按其功能划分，有书桌、画桌、半桌、壁桌；可供宴席的有方桌或酒桌；还有特殊功能所需的琴桌、棋桌、炕桌、供桌等。花梨桌在形制上有束腰式、四面平式、一腿三牙式、圆包圆式等。整体上看，有的平直光素，有的富于装饰。其丰富多样的腿足，有内翻马蹄足式、外翻马蹄足式、柱础式、飞云纹腿足式、圆腿直脚式、展腿式等（**图133、134**）。

在古代小说中见有花梨桌的记载，如清贪梦道人《永庆升平后传》载：

墙上挂着挑山，画的挂印封侯，两旁对联写的是："花木清香庭草翠，琴书雅趣画堂幽。"中间花梨条桌，摆列炉瓶三件、果盘等物。侯化太落坐在正面八仙桌东首，张广太西首相陪。[1]

清姜振名、郭广瑞《永庆升平前传》载：

屋中陈设甚多，墙上挂着线枪五条，路东八仙桌一张，是花梨的。南边椅子上坐一少年人，约有二十上下，面黄，身穿蓝绸裤褂……[2]

清南岳道人《蝴蝶缘》载：

那房中摆设得齐整异常，兰麝扑鼻；近床放了一张水磨花梨的八仙桌儿，桌上摆了许多佳肴美食；桌下笼了一盆炭火，左边一并放了两张株木藤椅。[3]

[1]［清］贪梦道人著：《永庆升平后传》，南昌：百花洲文艺出版社，1996年。

[2]［清］姜振名、郭广瑞著：《永庆升平前传》，北京：北京十月文艺出版社，1995年。

[3]［清］南岳道人编次：《蝴蝶缘》，长春：时代文艺出版社，2003年。

图 133 明崇祯《鼓掌绝尘》插图中的书桌

图 134 明崇祯《疗妒羹记》插图中的画桌

清曾朴《孽海花》载：

原来就是闻韵高，科头箕踞，两眼朝天，横在一张醉翁椅上，旁边靠着张花梨圆桌；站着的是米筱亭，正握着支提笔，满蘸墨水，写一幅什么横额哩。[1]

清曹雪芹《红楼梦》载：

袭人道："不用围桌，咱们把那张花梨圆炕桌子放在炕上坐，又宽超，又便宜。"说着，大家果然抬来。[2]

代儒回身进来，看见宝玉在西南角靠窗户摆着一张花梨小桌，右边堆下两套旧书，薄薄儿的一本文章，叫焙茗将纸墨笔砚都搁在抽屉里藏着。[3]

[1] [清]曾朴著：《孽海花》，杭州：浙江古籍出版社，2015年。

[2] [清]曹雪芹撰：《红楼梦》，戚序本，《古本小说集成》第39册，上海：上海古籍出版社，2014年。

[3] [清]曹雪芹撰，[清]高鹗补撰：《红楼梦》，《续修四库全书》第1794册，上海：上海古籍出版社据清乾隆五十六年萃文书屋活字印本影印，2002年。

[1] [清] 无名氏著, 施亚校点:《大明奇侠传》, 天津:百花文艺出版社, 1989 年。

[2] [清] 贪梦道人等撰:《彭公案》, 北京:北京燕山出版社, 1996 年。

[3] [民国] 张杰鑫著:《三侠剑》, 北京:北京燕山出版社, 1997 年。

[4] [清] 邹弢著:《晚清艳情小书丛书——海上尘天影》, 南昌:百花洲文艺出版社, 1993 年。

[5] [清] 小和山樵编辑:《红楼复梦》,《古本小说集成》第 130 册, 上海:上海古籍出版社, 1994 年。

清无名氏《大明奇侠传》载:

山玉见了, 连声赞道:"果然雅!"三人步进中堂, 只见那桌椅条台, 都是洋漆雕花、花梨紫檀, 架上杯盘都是洋磁古董、实金实银, 真是那四壁辉煌, 十分富丽。三人穿过中堂, 转入耳门, 只见桃花丛中有一座小小的亭子, 格外幽雅。云文道:"我们就在此亭坐了罢。"[1]

清贪梦道人《彭公案》载:

武杰瞧那书房之中, 甚是洁净, 有花梨紫檀楠木桌椅和条几, 墙上是名人字画, 有条山对景, 工笔写意, 花卉翎毛, 各样古董玩器不少。[2]

民国张杰鑫《三侠剑》载:

胜爷说道:"四弟, 你看这座莲花峪大房好几百间, 里面桌椅木器, 花梨紫檀的甚多, 您这一点火不要紧, 损坏多少银子、物件?"[3]

清邹弢《海上尘天影》载:

那锦香斋小客堂, 已另行收拾, 靠里面一张八仙大供(拱)桌, 并排着一张花梨桌子, 沿门口正中另放着一张小供桌。于是秋鹤治外, 佩缠治内, 韵兰叫侍红(书)靠锦香斋东壁, 放着一张七巧盘藤椅。[4]

清小和山樵编辑《红楼复梦》载:

修云叫双梅取荸荠给大爷吃, 双梅答应, 去取了一个翡翠盘子, 盛着一盘荸荠放在花梨桌上。梦玉也不让, 抓着一个就吃。修云笑道:"好性急。"只见双梅取了几枝小银叉子, 放在桌上。[5]

清李雨堂《狄青五虎将全传》载：

当时狄爷进内一看，只见座中并无一客，堂中一盏玻璃明灯，四壁周围四盏壁灯，两旁交椅，数张花梨桌，十分幽静。[1]

[1] [清] 李雨堂等撰：《狄青五虎将全传》，长沙：岳麓书社，2016 年。

（一）方桌

1. 花梨有束腰霸王枨方桌 (图 135)

长 100 厘米，宽 100 厘米，高 83 厘米。

此为方桌的基本式样，桌面攒框嵌板心，面下束腰，方腿直下，内翻马蹄足，腿上安霸王枨。简洁的构造，合理的比例，取得了素雅的视觉效果。

图 135 花梨有束腰霸王枨方桌
（故宫博物院藏）

2. 黄花梨有束腰霸王枨螭龙云纹插角方桌 (图136)

长 82.5 厘米，宽 82.5 厘米，高 81.5 厘米。

方桌面下束腰，牙板与腿子间安灵芝螭龙云纹插角，霸王枨，马蹄足，腿角上做委角线。制作年代在清代早期。

3. 花梨有束腰展腿式八仙桌 (图137)

八仙桌展腿上端作卷珠纹雕饰，桥梁档、牙板、足端亦起微妙的变化，略带明代古人笔意。比例匀称，线条通达，是清代早期花梨方桌中不可多得的一件优秀作品。

图 136 黄花梨有束腰霸王枨螭龙云纹插角方桌
（故宫博物院藏）

图 137 花梨有束腰展腿式八仙桌
（中国国家博物馆藏）

4. 花梨雕云钩插角方桌（图138、139）

　　方桌冰盘沿两平两洼，交叠变化，束腰起平地，牙板和腿足起洼面加捏角线，线脚相连，工艺精严。以两组相抵的曲圆钩云纹角牙为点饰，内翻马蹄足。此桌可视为苏式方桌早期的一种基本式样。制作年代为清代中期。

5. 花梨一腿三牙桥梁档方桌（图140）

　　长82厘米，宽82厘米，高70厘米。

　　方桌案面攒框嵌心板，圆腿直足，侧脚收分，桥梁档上端抵紧牙条，为明式方桌的经典款式。

图 138 花梨雕云钩插角方桌
（苏州东山紫金庵藏）

图 139 花梨方桌的雕云钩插角装饰

图 140 花梨一腿三牙桥梁档方桌
（故宫博物院藏）

6. 花梨一腿三牙卡子花桥梁档方桌 （**图141**）

长 89 厘米，宽 89 厘米，高 85.5 厘米。

方桌桌面四边攒框嵌心板，牙头、牙条、桥梁档上均略加雕饰，桥梁档与牙条间设两卡子花，冰盘沿，瓜楞腿，侧脚收分。制作年代应为清代中期。

7. 花梨有束腰桥梁档棋桌 （**图142**）

长 87 厘米，宽 87 厘米，高 88 厘米。

棋桌木色深厚凝重，造型干脆利落，把休闲惬意融入雅致。棋桌活桌面攒边打槽装心板，桌体桌面中间放置可取的双面棋盘。牙板、束腰上四面正中各设一抽屉，方形直腿，腿上起阳线，冰盘沿，桥梁档，马蹄足。不事雕琢，却处处显示着微妙的变化。应为清早期制品。

图 141 花梨一腿三牙卡子花桥梁档方桌
（上海博物馆藏）

图 142 花梨有束腰桥梁档棋桌
（中国国家博物馆藏）

（二）长桌

1. 花梨一腿三牙嵌云石板心长方桌 （图143）

长107.3厘米，宽68厘米，高86厘米。

桌面攒框镶云石板心，面下装托档三根。冰盘沿，圆腿侧脚收分。面下腿柱间安装素牙板、素角牙，为一腿三牙式。牙板边起皮条线，牙板下加设桥梁档，档上设矮老，此桌为古斯塔夫·艾克先生旧藏。

2. 花梨起拦水线桥梁档条桌 （图144）

长162厘米，宽49厘米，高81.5厘米。

条桌四面攒框嵌心板，光素，冰盘沿大倒棱。桥梁档与腿做平，方腿直下，内翻马蹄足，面下无束腰，由于腿的缩进，突出了桌面。面起拦水线，此桌用材细巧，设计独具匠心。

图 143 花梨一腿三牙嵌云石板心长方桌
（中国国家博物馆藏）

图 144 花梨起拦水线桥梁档条桌
（故宫博物院藏）

3. 花梨翻卷角牙四面平式琴桌 （图145）

长 118.6 厘米，宽 53 厘米，高 82 厘米。

琴桌属条桌类，此桌为四面平式，桌面底另设一层面板，与桌面一同构建出琴桌的共鸣箱。方材直腿上端与光素桌面边抹做粽角榫相结合，足端内翻马蹄足。腿间无横档，仅用两个相抵翻卷的角牙进行加固，并兼起装饰作用。该桌造型简洁明快、单纯清新，素雅大方，别具一格。

4. 花梨芝麻梗桥梁档长桌 （图146）

长 111 厘米，宽 54.5 厘米，高 71 厘米。

长桌边抹与牙板的线脚，均为中心起凹线后做浑圆，江南工匠称作"劈开芝麻梗"，腿圆形直足，以牙板做裹腿而合成为一体。再加上包圆裹腿的桥梁档与牙条相抵，整桌以圆顺平直的线条美呈现出造型新颖、形体独特的形象。

图 145 花梨翻卷角牙四面平式琴桌
（上海博物馆藏）

图 146 花梨芝麻梗桥梁档长桌
（故宫博物院藏）

（三）半桌

1. 花梨嵌瘿木面心有束腰半桌 (图147)

长76厘米，宽58厘米，高75厘米。

半桌攒框嵌瘿木面心，这也是花梨家具常出现的装饰特色之一。该桌原为美国中国古典家具博物馆收藏，图来自美国中国古典家具学会《中国古典家具展览图录》。图录中介绍："在桌边框与瘿木面板的下方都可发现泥漆与粗丝纤维的痕迹，显示此桌原先整个表面都曾加漆处理。"

2. 黄花梨有束腰浮雕夔龙纹桥梁档半桌 (图148)

半桌冰盘沿大倒棱压边线，面下束腰，牙板剜出壶门轮廓，上作夔龙纹浮雕，桥梁档，腿子沿边起阳线，内翻马蹄足。为清代制品。

3. 花梨高束腰霸王枨半桌 (图149)

长81.5厘米，宽33厘米，高83.5厘米。

半桌桌面攒边打框装独板面心，冰盘沿大倒棱压边线，高束腰，霸王枨接于面下两侧的穿带之上。方腿，内起阳线，与牙板阳线交圈，足端内翻马蹄足。

图147 花梨嵌瘿木面心有束腰半桌
（引自美国《中国古典家具展览图录》）

图 148 黄花梨有束腰浮雕夔龙纹桥梁档半桌
（故宫博物院藏）

图 149 花梨高束腰霸王枨半桌
（中国国家博物馆藏）

（四）炕桌

1. 花梨有束腰卷云足炕桌 （图150）

长96厘米，宽64厘米，高29.5厘米。

炕桌冰盘沿，束腰与牙板一木连做。牙板沿边盘阳线。三弯腿，卷云足。装饰得当，简洁明快。制作年代为清早期。

2. 花梨有束腰线雕卷草纹炕桌 （图151）

长69.5厘米，宽41.5厘米，高31厘米。

炕桌冰盘沿倒棱起洼压边，束腰与牙板一木连做，牙板剜壸门轮廓，加饰两叶纹，雕饰卷草双钩，沿边盘阳线。弯脚线形更显婉转，脚头圆卷，饰云纹如意状。应为清早期制品。

图 150 花梨有束腰卷云足炕桌
（故宫博物院藏）

图 151 花梨有束腰线雕卷草纹炕桌
（引自濮安国《明清苏式家具》图215）

3. 花梨有束腰活腿炕桌 (图 152)

长 85 厘米，宽 56 厘米，高 25 厘米。

活腿桌为古人外出之用，便于携带，故腿子为活装，可以折叠于面下，变为矮桌使用。桌面四角及肩部包铁镂金饰件，既起防护作用，又成为小桌区别于一般几桌的特色装饰。足端外翻，足下踩珠。应为清早期制品。

4. 花梨有束腰铲地浅雕卷草纹三弯腿炕几 (图 153)

长 33 厘米，宽 33 厘米，高 13 厘米。

炕几几面上起拦水线，面下束腰，束腰与牙板一木连做。壶门式牙板，上饰卷草纹。三弯腿，外翻马蹄足，足端饰卷云纹，搭叶纹，木色紫红，制作精美。应为清早期制品。

图 152 花梨有束腰活腿炕桌
（故宫博物院藏）

图 153 花梨有束腰铲地浅雕卷草纹三弯腿炕几
（中国国家博物馆藏）

5. 花梨有束腰三弯腿炕桌 （图154）

长94厘米，宽61厘米，高30厘米。

炕桌壸门式牙板上饰有卷草、叶瓣，束腰衬托出面的功能，三弯腿，足下踩珠，足端亦装饰卷珠，灵动可爱。制作年代应为清早期。

6. 花梨有束腰浮雕螭龙纹炕桌 （图155）

长82厘米，宽52厘米，高28厘米。

炕桌桌面下为打洼的束腰，鼓腿膨牙，足端卷珠。牙板及腿的肩部浮雕螭龙纹、宝相花、如意云纹。制作年代应为清中期。

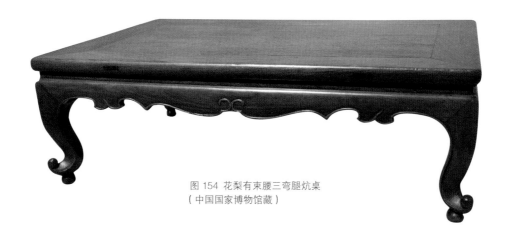

图 154 花梨有束腰三弯腿炕桌
（中国国家博物馆藏）

图 155 花梨有束腰浮雕螭龙纹炕桌
（故宫博物院藏）

三 椅

椅是可坐可依的坐具。按照形制结构的不同，椅子可分为禅椅、文椅、矮背文椅、玫瑰椅、圈椅、交椅、靠背椅等，古代小说的插图中，多有各式椅子的形式出现（**图156、157**）。

古人将四出头扶手椅也称为"禅椅"，现在北方称"官帽椅"，即指的是搭脑和扶手都出头的椅子，民间说有"出人头地"的吉祥寓意。禅椅尺寸一般较大，造型上有一种从中心向外延展的势度。

文椅与四出头扶手椅相反，是搭脑和扶手都不出头的扶手椅，在北方称之为南官帽椅。据说，文椅是文人喜欢使用的椅子，其造型流畅，常给人以含蓄内敛、沉稳平和的审美感受。

矮背文椅是一种后背较矮的文椅，它的形制式样颇多。入清以后，这类形式的椅子明显增多。

玫瑰椅是一种靠背低矮的屏背式椅子，明代以前类似的式样就有出现。这种椅子的形制具有鲜明的特点：直靠背，一般不使用靠背板，制法有多种形式；直扶手，下安置横档、牙条、结子、立柱等部件。由于玫瑰椅靠背形制较矮，很适合临窗放置，制作都十分精美，造型上给人温和柔雅的感受。

交椅是一种具有塞外风情的椅子，可折叠，据说是由胡人传入的胡床（交杌）发展而来。

图156 明崇祯《情邮记》插图中的四出头扶手椅

图157 清康熙《圣论像解》插图中的矮背文椅

[1][清]郭小亭著:《济公全传》,长沙:岳麓书社,2014年。

[2][清]佚名著:《金台全传》,《古本小说集成》第351册,上海:上海古籍出版社,1994年。

[3][清]西湖散人撰:《红楼梦影》,《古本小说集成》第232册,上海:上海古籍出版社,1944年。

椅子的上部与圈椅基本相同,椅腿呈交叉形,是一种方便外出携带的座椅。

圈椅特点是靠背和扶手形成一个弧圈,与方形的座身形成对比,有上圆下方的天地意匠,展现一种东方的文化气象,极具中国特色。

靠背椅是指只有靠背而没有扶手的椅子,这种椅子方便、实用。其搭脑两端有出头与不出头的区别,出头的俗称"灯挂椅",因与江南民间一种采用竹子制作的灯架相类似而得名。

椅子的结构部件较多,其形式变化丰富。如靠背板是椅子的重要结构,按照椅子靠背板的侧面造型可以有S形和C形之分。另外椅子座盘下的牙板、横档,扶手下的联帮棍等,也都有许多讲究。各种形制的花梨椅子,是最富有民族传统形式的家具品种之一,已成为中国传统坐具的精粹。

古代小说中有关花梨椅的记载如清郭小亭《济公全传》载:

迎面一张俏头案,头前一张八仙桌,两边有太师椅子。屋中摆设,一概都是花梨紫檀楠木雕刻桌椅。

杨明瞧了一瞧,这屋里很讲究,都是花梨紫檀,楠木雕刻的椅桌。墙上名人字画,条山对联,山水人物,花卉翎毛。摆着都是商彝周鼎,秦环汉玉,上谱古玩。[1]

清佚名《金台全传》载:

只见一个庭心,甚是宽大,青石阶沿,六扇长窗开着四扇,甚属清雅。新式花梨桌椅,沿墙摆一只小长台,有些时花在瓶中半含半开,屏对多是名人手笔,不染一毫尘。[2]

清西湖散人《红楼梦影》载:

当地放张文石镶嵌的大罗汉床,围着十二扇大理石天然山水的屏风,两边八张花梨嵌石太师椅,四张茶几。[3]

清邹弢《海上尘天影》载：

厅两旁二十把广式花梨大靠椅，亦是白缎元边的素披素垫。[1]

清曾朴《孽海花》载：

那书室却是外面两间很宽敞，靠南一色大玻璃和合窗，沿窗横放一只香楠马鞍式书桌，一把花梨加官椅，北面六扇纱窗，朝南一张紫檀炕床，下面对放着全堂影木嵌文石的如意椅，东壁列着四座书架，紧靠书架放着一张紫榆雕刻杨妃醉酒榻，西壁有两架文杏十景橱，橱中列着许多古玩。[2]

清庾岭劳人《蜃楼志》载：

约两个时辰，一一报数，钦差李大人提笔登记：……紫檀、花梨、香楠桌椅共五百八十二张。[3]

清华琴珊《续镜花缘》载：

吕氏同着兰音来看丽贞、宝英的嫁妆，都是些紫檀花梨的桌椅，楠木的橱柜，描金的箱笼，锦绣的被褥，红绉的帐幔，还有金镶的象箸，嵌宝的金杯，说不尽玲珑奇巧，满目辉煌，真是十分的丰盛。[4]

（一）四出头扶手椅

1. 花梨独板靠背四出头扶手椅 (图158)

座面长 58.5 厘米，宽 46 厘米，通高 120 厘米。

此椅扶手下无联帮棍，独板靠背，靠背板宽阔，木质纹理绚丽。椅面下的券口，其壶门竖立牙条的内侧采用雕制卷叶的做法，这个具有符号特征的形式，在江浙等地区的明清建筑物上也能经常发现。通过搭脑、扶手、壶门、脚档的合理配置，此器轻盈中不失宽厚，适用中显露风度。

[1] [清]邹弢著：《海上尘天影》，南昌：百花洲文艺出版社，1993年。

[2] [清]曾朴著：《孽海花》，杭州：浙江古籍出版社，2015年。

[3] [清]庾岭劳人著：《蜃楼志》，上海：上海古籍出版社，1994年。

[4] [清]华琴珊著：《续镜花缘》，《古本小说集成》第48册，上海：上海古籍出版社，1994年。

图 158 花梨独板靠背四出头扶手椅
（引自古斯塔夫·艾克《中国花梨木家具图考》）

2. 花梨独板靠背带联帮棍四出头
扶手椅 (图159)

座面长 59 厘米，宽 47.2 厘米，通高 115.7 厘米。

此椅扶手下安联帮棍，鹅脖与前足一木连做。椅座以下券口牙条挖壶门轮廓线，沿边饰阳线卷草纹，是明式常见的装饰手法。应为清中期制品。

图 159 花梨独板靠背带联帮棍四出头扶手椅
（原中央工艺美术学院藏）

3. 花梨铲地浅雕双螭如意纹靠背带联帮棍四出头扶手椅 (图160)

座面长 58.5 厘米，宽 47 厘米，通高 119.5 厘米。

扶手椅扶手下安联帮棍，鹅脖与前足一木连做，软屉藤面心。椅座下券口牙条挖壶门轮廓线，中间饰卷草纹。设踏脚，下有牙条。侧面与后面的管脚档采用步步高式。背板上浮雕双螭如意纹。该椅的制作年代应在清代中期。

4. 花梨三隔堂靠背净瓶式联帮棍四出头扶手椅 (图161)

座面长 61.5 厘米，宽 49 厘米，通高 114 厘米。

座面冰盘沿上下起线中间做混圆，藤面，三隔堂靠背板，上隔堂堂板中间为透雕的艺字，中间隔堂镶嵌瘿木，下隔堂中嵌一朵透雕的如意云头。净瓶式联帮棍。座面下三面安装壶门券口牙板。精雕细琢，制作精美。

图 160 花梨铲地浅雕双螭如意纹靠背带联帮棍
四出头扶手椅（上海博物馆藏）

图 161 花梨三隔堂靠背净瓶式联帮棍四出头扶手椅
（引自美国《中国古典家具学会会刊》）

5. 黄花梨圆梗直搭脑独板靠背四出头扶手椅 （图162）

座面长 55 厘米，宽 47 厘米，通高 108.7 厘米。

扶手椅的搭脑、扶手、鹅脖、管脚档都采用圆梗直料，扶手用材精巧。靠背板微微做弯。由于鹅脖退进，笔直并稍稍做低的扶手也就显得格外别致。形体格调和趣味不同一般。该椅的做工讲究，是无联帮棍四出头扶手椅的又一式样。

6. 花梨透雕瑞兽纹靠背带联帮棍四出头扶手椅 （图163）

座面长 63 厘米，宽 46 厘米，通高 126 厘米。

扶手椅 S 形背板两侧做花牙修饰，中间挖如意形透雕瑞兽纹。座面下四面设壶门式券口，牙板上浮雕卷草、花牙。吉祥如意、生机绚丽于一体，加之细润流畅的线条，尽显自然流利的美感特质。为清中期制品。

图 162 黄花梨圆梗直搭脑独板靠背四出头扶手椅
（原中央工艺美术学院藏）

图 163 花梨透雕瑞兽纹靠背带联帮棍四出头扶手椅
（中国国家博物馆藏）

图 164 花梨独板靠背四出头扶手椅
（南京博物院藏）

7. 花梨独板靠背四出头扶手椅 (图164)

扶手椅的搭脑、扶手、鹅脖、脚档都圆梗略带弯曲，且用料细巧。后背板也微微做弯、较宽阔，与搭脑、扶手形成对比。四角攒边，原为藤座面，座面下有两托档。椅腿外圆内方。脚部四面设管脚档，档下牙条。该椅形态质朴稳健，比例协调。

8. 花梨独板靠背带联帮棍四出头扶手椅 (图165)

座面长66厘米，宽47厘米，通高120厘米。

扶手椅一对，其扶手、鹅脖、联帮棍、搭脑均为圆曲线，枕式搭脑，素面独板靠背。座面打槽攒边，藤面软屉，冰盘沿，下装壶门券口牙子，四足间设步步高管脚档。明式家具中的典型风格，素雅唯美。

图 165 花梨独板靠背带联帮棍四出头扶手椅（一对）
（中国国家博物馆藏）

9. 花梨方料三隔堂靠背四出头扶手椅 （图166）

座面长66厘米，宽49厘米，通高116厘米。

扶手椅器形宽阔，在背板上设万字和福字装饰。此椅宽厚中包含许多细节处理，让人留下深刻的印象。扶手、鹅脖均为方料，扶手下无联帮棍，搭脑两端翘起，在中间两处作委角处理，细微之处不仅强调了功能，还增添了视觉的变化。

（二）文椅

1. 花梨独板靠背带联帮棍文椅 （图167）

此文椅光素少于装饰，座面为藤面心，冰盘沿大倒棱，座面下壶门券口起阳线，联帮棍自下向上渐细，腿足外圆内方，设步步高管脚枨，前脚枨扁平，下设直牙条。腿、鹅脖、联帮棍、扶手同奏协律，故文椅显得十分清新雅致，自然端庄。

图 166 花梨方料三隔堂靠背四出头扶手椅　　　　　图 167 花梨独板靠背带联帮棍文椅
　　（中国国家博物馆藏）　　　　　　　　　　　　　（中国国家博物馆藏）

2. 花梨雕云芝纹三隔堂靠背卡子花文椅 **图168**

座面宽 57 厘米，通高 105 厘米。

文椅背板上、中两堂嵌板起堆肚。下堂是雕刻的云芝。座面攒边做藤面心，腿间三面为直牙条券口，面后为荷包牙条。鹅脖前后退让。联帮棍有略微的粗细变化。

（三）矮背文椅

1. 黄花梨三隔堂靠背高扶手矮背文椅 **图169**

座面长 55 厘米，宽 45 厘米，通高 96 厘米。

文椅与前例形制几乎相同，只是靠背上段起阳线框出花草图案，中段落堂起堆肚，下段亮脚较一般高起。椅座落堂镶板，不做藤面。座面以下三面均用素直券口牙条，步步高管脚档，均系常规造法。

图 168 花梨雕云芝纹三隔堂靠背卡子花文椅
（引自克雷格·克拉纳斯《中国家具》，英国维多利亚·艾尔伯特博物馆藏）

图 169 黄花梨三隔堂靠背高扶手矮背文椅
（引自《明清苏式家具》图 96）

2. 花梨桥梁档笔梗式矮背文椅 (图170)

座面长 59 厘米，宽 47 厘米，通高 82.5 厘米。

苏州地区民间称"笔杆椅"或"笔梗椅"，这是极为简洁疏朗的一例。腿柱、扶手、搭脑均为圆材，联帮棍由下及上渐细，靠背为三根圆梗的笔梗式，座面装藤面，冰盘沿，面下装桥梁档，档上设矮柱，桥梁档、矮柱均为方材。管脚档为步步高式，前脚档为方材，左右档下设牙板。

3. 黄花梨桥梁档独板矮背文椅 (图171)

座面长 61.5 厘米，宽 47 厘米，通高 92.5 厘米。

文椅独板靠背板。座面下装桥梁档，左右安矮柱。腿间下方安双横档，中间亦安矮柱。这是此椅制造上的一独特之处。

4. 花梨透雕卷叶纹三隔堂矮背文椅 (图172)

座面长 56 厘米，宽 45 厘米，通高 93 厘米。

文椅靠背三隔堂，上段镂雕卷叶，沿边起阳线，中段镶瘿木板，下段为卷叶纹亮脚，靠背边框、横档均压边线。座面下安装荷包牙直牙板，两侧的腿间安装两道管脚档。椅子已流失国外，是一件出色的苏式扶手椅，其制作年代在清中期。

图 170 花梨桥梁档笔梗式矮背文椅
（原中央工艺美术学院藏）

图 171 黄花梨桥档独板矮背文椅
（故宫博物院藏）

图 172 花梨透雕卷叶纹三隔堂矮背文椅
（原由美国古典家具学会收藏，图引自美
国《中国古典家具展览图录》）

（四）圈椅

1. 花梨透雕麒麟纹靠背圈椅 （图173）

座面长 60.7 厘米，宽 48.7 厘米，通高 107 厘米。

圈椅制作讲究，注重修饰。鹅脖、后椅腿的两侧都安装角牙。靠背独板上如意纹中镂空雕麒麟纹饰，左右两侧亦装饰花牙，下有如意云纹亮脚。椅座藤面，挖壶门牙券门，牙边起阳线，四腿间设步步高踏管脚档。应为清中期制品。

2. 花梨透雕螭龙灵芝纹独板靠背圈椅 （图174）

座面长 58.4 厘米，宽 45.9 厘米，通高 99 厘米。

腿柱为圆材，面下三面装壶门式券口，面上前后腿柱边皆立站牙，C 形靠背板，靠背板两边立杆打槽嵌独板心，心板上一朵如意开光透雕螭龙灵芝，下亮脚挖云蝠纹。应为清代中期制品。

图 173 花梨透雕麒麟纹靠背圈椅
（上海博物馆藏）

图 174 花梨透雕螭龙灵芝纹独板靠背圈椅
（原中央工艺美术学院藏）

3. 花梨独板靠背方腿马蹄足圈椅 （图175）

圈椅的搭脑、扶手、鹅脖接合成一体，且呈现一波三折的流线，舒缓有致。靠背宽阔，上窄下宽，上端两侧加饰花牙。面下方腿，足端翻起马蹄足，方形管脚档步步高式，前档下增设一直牙条。此椅区别于一般圈椅的形制构造，富有创意，别具特色。

4. 花梨铲地浅雕阴文寿字纹靠背圈椅 （图176）

座面长69厘米，宽53.5厘米，通高101.5厘米。

此圈椅最早收录在古斯塔夫·艾克的《中国花梨木家具图考》中，杨耀著《明式家具研究》中的圈椅图例也是此件作品。该圈椅除了显示自然端庄美丽的圈椅共同之处，做法也有不同之处。座面下安置劈开芝麻梗横档，前面横档下安卷叶纹插角，管脚档下装桥梁档，靠背板上是阴刻的寿字，扶手微微外翻。整件圈椅不但线条流畅，而且唯美含蓄，富有自己的特色。为清代早期制品。

图175 花梨独板靠背方腿马蹄足圈椅
（引自濮安国《明清家具鉴赏》图80）

图176 花梨铲地浅雕阴文寿字纹靠背圈椅
（中国国家博物馆藏）

5. 花梨透雕麒麟纹独板靠背圈椅 (图177)

圈椅背板上端圆形开光内透雕麒麟纹，两侧装饰雕卷草纹角牙。座面下三面是壶门式券口，牙条上浮雕卷草纹。扶手处端头回卷，鹅脖上端亦装饰角牙。为清代中期制品。

6. 花梨浮雕花卉纹三隔堂靠背高束腰圈椅 (图178)

圈椅的靠背板四隔堂，整件圈椅富有雕饰。背板和后腿两侧均做通长的牙条装饰。座盘上三面加饰透雕花卉纹绦环板，高束腰，束腰上竹节纹、夔龙纹。三弯腿，腿上有兽面纹、卷草纹。足为虎爪，下设托泥。此椅呈现清代中期流行的纹样。

图 177 花梨透雕麒麟纹独板靠背圈椅
（故宫博物院藏）

图 178 花梨浮雕花卉纹三隔堂靠背高束腰圈椅
（故宫博物院藏）

（五）圈背交椅

1. 花梨浮雕山水纹圈背交椅 （图179、180）

座面长 73.7 厘米，宽 66 厘米，通高 104.2 厘米。

交椅独板靠背下无亮脚，上浮雕山水图案纹饰。装饰卷草纹铜饰配件。后腿转角处，扶手下装角牙。迎面横材立面浮雕卷草纹。踏床上钉方胜及云纹铜饰配件。座面用蓝色丝绒织成回纹软屉，密无空隙。为清代中期制品。

2. 花梨透雕如意寿字纹圈背交椅 （图181）

座面长 68 厘米，宽 68 厘米，通高 110 厘米。

交椅三隔堂背板，上段透雕如意寿字，下段开出浮雕卷草亮脚。迎面横材立面浮雕缠枝莲花。后腿转角处为透雕如意纹角牙。装饰铜配件，扶手下是竹节纹铜立柱。为清代早期作品。

图 179 花梨浮雕山水纹圈背交椅
（美国洛杉矶亚太博物馆藏）

图 180 花梨圈背交椅靠背板的浮雕山水纹纹饰

图 181 花梨透雕如意寿字纹圈背交椅
（中国国家博物馆藏）

（六）灯挂椅

1. 花梨朝板式独板靠背灯挂椅（图 182）

座面长 50 厘米，宽 39 厘米，通高 109 厘米。

此椅搭脑两端圆顺，与背板接合处做平肩，靠背为朝板式，椅座前面下安有壶门式券口。左右两侧脚档较高，与一般所制不同。此椅已流失国外。

图 182 花梨朝板式独板靠背灯挂椅
（引自美国《中国古典家具展览图录》）

2. 花梨浮雕百吉祥瑞纹靠背椅 (图183、184)

座面长 62.5 厘米，宽 42 厘米，通高 99.5 厘米。

这是件形制较为特殊的花梨家具。座体以少见的四面镶平式，座面下牙板以弧度起挖，中间缀以灵芝纹雕刻，座面以落堂做藤面。四腿直下，内翻马蹄足。座体以上是单靠的形式。搭脑两端高起，中间做枕式。靠背做法古意十足，隔堂嵌心板，施以密布的雕刻，最外侧两柱顶端是深浮雕莲花纹，莲花是佛教的标志。中间雕刻"吉祥如意""马到成功""一路连科"。为清代中期作品。

图 183 花梨浮雕百吉祥瑞纹靠背椅
（上海博物馆藏）

图 184 花梨靠背椅椅背上的浮雕百吉祥瑞纹纹饰

（七）玫瑰椅

1. 花梨透雕六螭捧寿纹玫瑰椅 （图185）

座面长61厘米，宽46厘米，通高88厘米。

这件玫瑰椅以丰富精丽的图案装饰引人入胜，令人赞叹。图案的纹样为姿态生动、形象各异的螭纹，有老螭、壮螭、小螭和幼螭，寓意四世同堂、如意高寿，充满着庆贺的气氛。用作结子的团螭纹样最妙，意在圆满。"夔龙捧寿"是清雍正年间流行的图案。从工艺上来看，它采用了江南木雕的形式和手法。为清代早期作品。

图 185 花梨透雕六螭捧寿纹玫瑰椅
（故宫博物院藏）

2. 花座面梨浮雕回钩纹玫瑰椅 <small>(图186)</small>

座面长 59 厘米，宽 47 厘米，通高 81 厘米。

此椅圆梗构架中嵌牙条或壶门式牙板，形成简练的对比装饰。牙板上浮雕回钩纹饰，靠背和扶手的靠近座面处再加横枨，设矮佬。面下四周为素牙板，步步高管脚档。制作精致细巧，适合书房临窗摆放。制作年代应为清代早期。此椅为古斯塔夫·艾克旧藏。

3. 花梨浮雕回钩纹玫瑰椅 <small>(图187)</small>

座面长 56 厘米，宽 43.2 厘米，通高 85.5 厘米。

此椅是在上海博物馆展出的玫瑰椅，与前例在形制上基本一致，只是在尺寸比例上、座面冰盘沿、座面下的券口及雕饰上有细微差别。此椅券口牙条做鱼肚洼堂的形式，沿边起阳线。冰盘沿为大倒棱压边线。比前件形体要小。相比之下没有前件典雅和考究。制作年代应为清代中期。

图 186 花梨浮雕回钩纹玫瑰椅
（中国国家博物馆藏）

图 187 花梨浮雕回钩纹玫瑰椅
（上海博物馆藏）

四　杌凳

杌凳是指没有靠背的坐具。江南人称的杌子，有方杌、长方杌、圆杌、交杌等。圆杌在古籍版画中可见到，但实物很少发现（**图188**）。凳子有方凳、长凳、圆凳、双人凳以及鼓凳、春凳、琴凳等不同的形制和品种。

鼓凳，圆形，腹部大，如鼓状，往往保留着鼓钉或藤编的制作痕迹，具有装饰性。鼓凳很适合夏天庭院使用，在冬日里，往往在座面上覆盖各色锦绣的垫子，显得格外秀美典雅，因此也称为"绣墩"。

滚脚凳，古籍云："中车圆木二根，两头留轴转动，以脚踹轴，滚动往来。"滚脚凳并非是座具，而是古人用作健身的一种家具，古时文人的乐趣，认为人之"涌泉穴精气所生，以运动为妙"。[1]

杌凳多在厅堂中与椅子搭配使用，或用于书房和卧室，移动便利。特别在与四仙桌、小圆桌组合时，构成一个相对独立的活动区。由于使用场所和功能的区别，其规格、式样众多，装饰格调也多种多样。

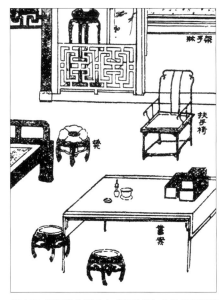

图 188 清乾隆仿明画本《百美图》中的四足圆凳

（一）杌

1. 花梨铲地浅雕卷草纹交杌 （**图189**）

座面长55.7厘米，宽41.4厘米，高49.5厘米。

交杌座面以绳编网状软屉，杌面横材立面上装饰浮雕卷草纹。圆腿，前脚上设有踏床，踏床上装饰有如意纹与万胜纹的铜饰件，交杌中设踏床是较早的做法，流露古意。应为清代中期制品。

[1]［明］文震亨撰：《长物志》，《四库提要著录丛书》第56册，北京：北京出版社据明刻本影印，2010年。

165

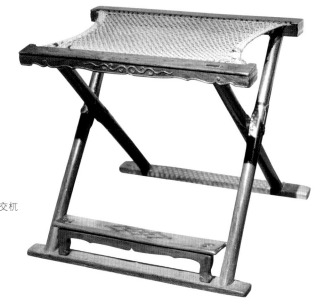

图 189 花梨铲地浅雕卷草纹交机
（上海博物馆藏）

（二）凳

1. 花梨荷包牙直档长方凳 (图190)

长 51.5 厘米，宽 41 厘米，高 51 厘米。

座面为藤面，冰盘沿竹爿浑双边线，腿足外圆内方，管脚档为圆梗直档，长档一根，短档两根，面下装平素牙板，荷包牙盘阳线，牙头裁割小逆角。

2. 黄花梨桥梁档瓜棱腿方凳 (图191)

长 67 厘米，宽 67 厘米，高 51 厘米。

方凳特色之处为座面边沿、桥梁档、腿部同样的瓜棱线为装饰。分上下两层桥梁档，上层抵紧座面。独具匠意，极具动感。应为清代早期制品。

3. 花梨有束腰三弯腿方凳 (图192)

长 55.5 厘米，宽 55.5 厘米，高 52 厘米。

方凳座做藤面，大倒棱冰盘沿，有束腰。三弯腿，足端外翻装饰卷珠纹，牙板边沿起阳线做起伏波线状的花牙，与腿边沿的阳线交接。

4. 花梨嵌瘿木面心鼓凳 (图193)

面径 36 厘米，高 47 厘米。

鼓凳制作别致讲究，凳面嵌瘿木，凳两端各雕一圈弦纹、鼓钉纹，古韵犹存。

图 190 花梨荷包牙直档长方凳
（上海博物馆藏）

图 191 黄花梨桥梁档瓜楞腿方凳
（故宫博物院藏）

图 192 花梨有束腰三弯腿方凳
（上海博物馆藏）

5. 花梨如意云纹夹头榫春凳 (图194)

长120厘米，宽33.5厘米，高48厘米。

春凳座面攒边装独板面心，冰盘沿，方腿有侧脚，中间起阳线，下承托泥，腿两侧横档间装挖鱼门洞绦环板、圈口牙板，如意云纹牙头，上雕两云卷。应为清代早期制品。

6. 花梨高拱形桥梁档卷云纹夹头榫长条凳 (图195)

此凳近长达200厘米，面板为独板，沿边做一浑一洼，再在压边线上起洼线。夹头榫，牙头为如意卷云纹嵌珠。看面腿间设高拱形桥梁档，档顶端抵紧凳面，凳两侧各设管脚档两根。整器厚重大气又不失灵动的美感。制作年代应为清代中期。

图 193 花梨嵌瘿木面心鼓凳
（故宫博物院藏）

图 194 花梨如意云纹夹头榫春凳
（中国国家博物馆藏）

图 195 花梨高拱形桥梁档卷云纹夹头榫长条凳
（引自濮安国《明清苏式家具》图 166）

（三）滚脚凳

1. 黄花梨窄束腰方形滚脚凳 **（图196）**

凳面边长 66 厘米，高 27 厘米。

滚凳多系长方形，此凳却四面相等，中设一圆形雕刻，四周置轴。凳面四角攒边，冰盘沿，凳面下窄束腰，腿与牙板向内略退缩。足上粗下细，足端内翻马蹄，颇有古趣。

图 196 黄花梨窄束腰方形滚脚凳
（引自濮安国《明清苏式家具》图 415）

五　榻

　　榻是中国古代家具中极为典型的品类。榻可坐可卧，特别受到古代文人的喜爱，常常作为小憩之用。因此，榻经常被安置于书房的环境之中，也或置于小室、亭榭、楼阁等闲适的地方。按榻的大小，可分为独榻和双人榻，独榻又称为弥勒榻。根据榻的构造特点，又有屏榻与平榻之别。北方又将装围屏的榻称之为"罗汉床"（**图 197-201**）。

　　古代小说中对花梨榻的描述有许多，如：清夏敬渠《野叟曝言》载：

　　鸾吹眼见庚帖纷纷而至，把安乐窝内一张花梨大榻，高高的堆满了；心里又喜又惊。[1]

图 197　宋赵伯骕《风檐展卷》（局部）中的平榻

[1] [清] 夏敬渠撰：《野叟曝言》，《古本小说集成》第 167 册，上海：上海古籍出版社，1994 年。

清小和山樵《红楼复梦》载：

　　绕着回廊转到芳芸屋里，赶忙掀起竹帘走进去。只见芳芸躺在一个小花梨藤榻上，独自一人瞅着壁上一幅"圯桥进履图"。[1]

[1] [清]小和山樵编辑：《红楼复梦》，《古本小说集成》第130册，上海：上海古籍出版社，1994年。

图 198 五代后蜀黄筌（传）《勘书图》中的三屏榻（摘自秦孝仪《画中家具特展》）

图 199 明《西楼梦》插图中的三屏榻

图 200 明代版画中的六柱架子床

图 201 明《醒世恒言》插图中的六柱架子床

图 202 花梨铲地浅雕草龙团寿纹三屏榻
（引自濮安国《明清苏式家具》图 321）

（一）屏榻

1. 花梨铲地浅雕草龙团寿纹三屏榻 （图202）

三屏式，屏背板为独板，沿边雕刻出一周框档，内铲地浅雕团寿、草龙和海水江崖，座面为藤面，冰盘沿大倒棱压边线，面下窄束腰，素牙板，腿足与牙板边缘起阳线，内翻马蹄足。制作年代应为清代早期。

2. 花梨嵌山水云石五屏榻 （图203）

长 210 厘米，宽 110 厘米，高 118 厘米。

五屏榻三面围板为五屏风式。围板攒边嵌云石，呈山水纹。床屉做藤面，面下设高束腰，束腰上面起竹爿浑压双边线突起，方腿有力，内翻马蹄，此榻宽厚大气、简练、线条清晰，气韵生动。侧围屏前端设站牙做鼓装饰。庄重古雅，文人气息具显。制作年代应为清代早期。

（二）平榻

1. 花梨六足折叠式平榻 （图204）

长 208 厘米，宽 155 厘米，高 49 厘米。

此榻没有边围，大边、腿牙板均可折叠。明代的文献中多处提到折叠家具，此件为我们提供了折叠榻床的实物。但从榻的造型和花纹图案，可以看出这是一件清代中期的家具。

图 203　花梨嵌山水云石五屏榻
（中国国家博物馆藏）

榻共有六腿，外四足均三弯腿马蹄卷云，中间的两腿造型虽不同，但也为马蹄形，变化中又和谐统一，体现出古人造物设计的机灵和智慧。其奔跑似的运动感，赋予榻鲜明的生机。牙板上浮雕花鸟、双鹿等纹饰，腿足雕花瓶纹，生动有趣，且繁中有序，富有装饰感。

图 204　花梨六足折叠式平榻（故宫博物院藏）

六 床

传世的花梨床，大多精练而富有装饰。与其他花梨家具比较，床不仅体积大，而且绚丽丰富。在精湛的木作工艺下，运用榫卯的结合而组成的精美花板，往往在立柱线条的映衬下，显得美轮美奂。我们不难看到，古代的床体空间，多为封闭式，床体周围由架子支撑，有的又有屏板作遮蔽，床放置在屋内，就像大的房间中又置一间小屋，故有"屋中屋"之说。

根据不同的形制，分为架子床、拔步床。拔步床形体较大，床体外又设置踏板，踏板、床体上构架如屋，又有飘檐、花板等。架子床是在床体上架构柱子，柱上设顶，顶下有檐，床体周围设栏杆，形成独特的中国传统架子床的床体空间。床柱，有的设四根，有的设六根，故有四柱架子床、六柱架子床等不同的称谓。四柱为角柱，另外两柱为门柱。古代小说中对花梨床多有记载。

清烟霞散人《斩鬼传》载：

花梨床来于两广，描金柜出至苏杭。桃红柳绿，衣架上堆衣裳。[1]

清南岳道人《蝴蝶缘》载：

将那楼上左边房内铺下两张水磨花梨的象牙床，上面一张是柔玉小姐的。[2]

（一）架子床

1. 黄花梨攒接四合如意纹月洞门架子床 (图205)

长247厘米，宽187厘米，高227厘米。

架子床四合如意四方连续连缀，妍妙华丽，吉祥如意。藤面软屉，冰盘沿，面下束腰设计竹节矮栏，装绦环板。束腰及牙板上浮雕花草螭龙，三弯腿，肩部为兽面纹，

[1][清]烟霞散人撰:《斩鬼传》,《古本小说集成》第322册, 上海：上海古籍出版社, 1994年。

[2][清]南岳道人编次:《蝴蝶缘》, 长春：时代文艺出版社, 2003年。

图 205 黄花梨攒接四合如意纹月洞门架子床
（故宫博物院藏）

内翻云纹马蹄。据王世襄《明式家具研究》中记录"此
床由古玩商夏某得自山西，后捐赠给故宫，但为明代苏
州地区制品"。此床应为清代中期的流行款式。

2. 花梨透雕香炉寿字螭龙纹六柱架子床 (图206)

长 225 厘米，宽 156 厘米，高 230 厘米。

架子床床座平素，直腿，内翻马蹄足。而架体富于雕刻。床围、挂檐均透雕香炉寿字螭龙纹。方柱六根，挂檐下牙条雕叶瓣花牙。

图 206 花梨透雕香炉寿字螭龙纹六柱架子床
（中国国家博物馆藏）

3. 黄花梨攒接四合如意云纹六柱架子床 (图207)

架子床床栏与床顶后部横眉均采用连缀式四合如意云纹图案，唯前檐三块横眉分别镂空雕刻云龙纹和火珠纹。横眉插角雕饰卷草纹，牙条雕流云和行龙纹。门围栏花板在四朵如意云纹内透雕回首的麒麟、山石和灵芝卷云纹，结子为团螭纹。床身束腰起平地，牙板上实地雕草龙缠枝草叶纹样。三弯脚，脚头纹饰卷珠搭叶。从架子床的一柱一足到一纹一图，都清楚地表现出家具在造型、工艺和装饰上的深厚底蕴。应为清代中期制品。

图 207 黄花梨攒接四合如意云纹六柱架子床
（上海博物馆藏）

（二）拔步床

1. 花梨攒接万字纹拔步床 (图208)

长 207 厘米，宽 207 厘米，通高 227 厘米。

此床前设踏板，在床主体前形成一个活动空间，床体周围设围栏，围栏上兜料攒接成斜向结合的万字。除在床顶围板四周装饰炮仗洞外，床栏、门栏也皆攒接万字纹装饰。此床形体结构轻巧简练，制作工艺精致隽美，确是明代花梨架子床的一种典型款式。制作年代应为明末清初。

图 208 花梨攒接万字纹拔步床
（美国明尼阿波利斯艺术博物馆藏）

七　橱柜

　　橱柜主要为储藏之用，如用于卧室中储藏衣物、被褥的衣橱、衣柜，用于书房中存放书籍、书画的书橱、画柜等。因储藏物品的不同，橱柜的规格、大小、形制、空间等都有所不同。花梨橱柜的造型、结构具有鲜明的时代特点，如有的橱侧脚收分，即上狭下宽，民间俗称之谓"大小头"；有的橱带有橱垫，有的橱带有橱肚。还有一种被称为"万历柜"的书橱，其橱门之上设有亮格，之所以被称为万历柜，据说因形制是万历年间特别流行的式样。现在通常把花梨橱柜又分为圆角橱、方角橱、亮格柜、闷户橱等。

　　圆角橱俗称"圆脚橱"，因其橱脚多为外圆里方而得名。对开的两扇橱门中间有的有"橱桯"，即门柱或门杆，可以拆装，有的则无。有的足下承托"橱奠"，使橱身离地抬高，起到防潮湿的作用。"侧脚收分"是此种橱柜家具结构上鲜明的传统特色。这种形体的家具，由于收分，橱的顶盖突出，形成橱帽。与直脚家具相比，这种家具显得更加富有古雅的内涵，造型隽秀，呈现文人书卷气息，是花梨书橱常见的形体式样。

　　方角橱的橱腿、橱门边抹均采用方料，四腿直下，橱身无上窄下宽的变化，故与圆脚橱的形体迥然不同。顶箱立橱是方角橱的一个典型品种。这类橱中也有带橱奠的、有肚堂的、无肚堂的等多种类型。方角橱的橱门大多以合页固定，合页、拉手等铜配件往往起到很好的装饰效果。

　　亮格柜，是柜的上一层或二层为开架，下面部分仍是柜门的一种书橱。一层亮格的通常又称为"万历柜"，其亮格三面一般装有壸门式券口。

　　闷户橱，一般均为矮橱式样。通常是上层设抽屉，下层为带有橱门的柜子。小的闷户橱，上面只设一两个抽屉，屉下做双门；设三屉或三屉以上的闷户橱，屉下门置中间，两侧装板则不能开启。根据抽屉数常称为"二联橱"或"三联橱"等。

　　古代小说中对花梨橱柜的描述，见清小和山樵《红楼复梦》中载：

　　因为要替老太太赶着穿衣服，我将身上带的那白湖绉绣三蓝皮球的手巾，将这珠串包好，藏在老太太套房里间屋内大花梨柜子靠墙的那支柜脚背后，至今尚在阴律上。

　　红叶走进去到套屋里，见靠墙摆着四个描金箱子，都是锁着，炕对面摆着两口花梨柜子，也是锁着。红叶坐在炕上，靠着那折叠的被褥细想主意。[1]

---

[1] [清] 小和山樵编辑：《红楼复梦》，《古本小说集成》第130册，上海：上海古籍出版社，1994年。

（一）圆角橱

1. 花梨方腿圆角橱 ^{（图209）}

长 80.2 厘米，宽 45.4 厘米，高 159 厘米。

圆角橱使用圆材较多，此圆角橱的腿足、橱门框均为方材，唯门轴外形委圆。圆角橱特点是有橱帽，而门边上下两头伸出门轴，纳入臼窝，橱门以木轴旋转启闭。应为清代早期制品。

图 209 花梨方腿圆角橱
（中国国家博物馆藏）

（二）亮格柜

1. 花梨透雕螭龙寿意纹万历柜 （图210）

　　长111厘米，宽56厘米，高185厘米。

　　万历柜，据说是万历年间流行的式样，也称为"亮格柜"，有储物和展示之用。精湛的寿意夔龙透雕花板是清代早期典型的纹样。门板面上起堆肚，做委角处理，框料内角起线，全柜质朴妍秀，气韵生动，彰显东方气度。

图 210 花梨透雕螭龙寿意纹万历柜（中国国家博物馆藏）

（三）闷户橱

1. 花梨有翘头如意纹插角三屉闷户橱 （图211）

长215.5厘米，宽60.5厘米，高91厘米。

此橱是翘头案与柜体的组合。案面下设有三个抽屉。屉下是对开的柜门，平直牙板。面叶及合页均为圆形，抛头下装有卷草雕花的角牙，四腿侧脚明显，可视为闷户橱的一种常规样式。

2. 花梨有翘头如意卷草插角二屉闷户橱 （图212）

长97.5厘米，宽49.7厘米，高78.5厘米。

这是一小型的闷户橱，案面有翘头，抛头下角牙雕刻两叶相抵的花草图案。其他用料都作浑圆处理。在抽屉及柜门下的两处横档，起折出的变化，丰富了小橱的形体感。双抽屉，抽屉上设有两方形铜页面与拉手。腿侧脚收分，腿下设两角牙。该橱制作精细，小巧玲珑，是典型的苏作制品。

图211 花梨有翘头如意纹插角三屉闷户橱（故宫博物院藏）

图 212 花梨有翘头如意卷草插角二屉闷户橱
（引自克雷格·克拉纳斯《中国家具》，英国
维多利亚·艾尔伯特博物馆藏）

八 几

几，古人说："坐所以凭也。"几起先是一件与人相随的实用家具，后来渐渐成为高型，无论在宫殿、府第，还是厅堂、书房中，几经常被用于陈设。如明清宫殿宝座的两旁常设香几一对；《遵生八笺》中也说："书室中香几之制有二"，"用以阁蒲石，或单玩美石，或置香橼盘，或置花尊以插多花，或单置一炉焚香"。[1] 故在明清版画中也经常见到书斋中陈设的香几。

几一般都制作精美，富有装饰性，形成了鲜明的风格特色。从功能上分，几可分为香几、花几、茶几等。从几面的形状上分，有方几、圆几、异形几。几腿有四腿、五腿或六腿等，腿的形状，有直腿、三弯足或膨腿。有的几还承于托泥之上（**图 213-217**）。

在古代文学作品中对花梨几的记录，有清娜嬛山樵《补红楼梦》载：

大家坐下，各有笔砚在旁，都摆在各人面前一张花梨茶几之上，一面喝酒，一面拈笔起草。[2]

[1] [明] 高濂：《遵生八笺》，《四库全书》第 871 册，上海：上海古籍出版社，1987 年。
[2] [清] 娜嬛山樵撰：《补红楼梦》，《古本小说集成》第 104 册，上海：上海古籍出版社，1994 年。

图 213 明《玄雪谱》插图中的方花几

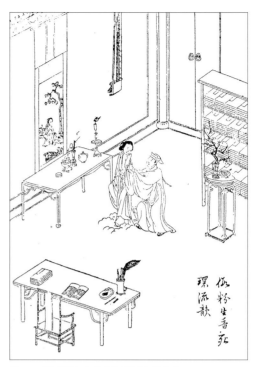

图 214 明《画中人传奇》插图中的圆花几

图 215 明《全德记》插图中的圆花几

图 216 清《乾隆古装像》中的方花几

（一）香几

1. 花梨有束腰一木连做蜻蜓腿圆香几 (图218)

直径55厘米，高88厘米。

香几三弯式蜻蜓腿轻雕微饰，足端两卷珠，下承托泥。简练的分水式牙板，冰盘沿，束腰上有炮仗洞饰线，静雅灵动。为清代早期制品。

2. 花梨浮雕竹节纹高束腰荷叶式六足香几 (图219)

长50.5厘米，宽29.5厘米，高73.7厘米。

香几几面荷叶状，面下高束腰，矮柱为竹节造型，矮柱间嵌透雕的如意花草绦环板。荷叶叠刹下又增加束腰一层，束腰上开炮仗洞长孔，束腰下又有突出的叠刹。花叶形牙板覆盖拱肩，三弯腿曲度大，足端卷珠搭叶，足下踩珠，落于荷叶盘形托泥上。这件香几造型经典，制作工艺精湛。为清代中期制品。

图 217 明万历《征歌集》插图中的香几

图 218 花梨有束腰一木连做蜻蜓腿圆香几
（中国国家博物馆藏）

图 219 花梨浮雕竹节纹高束腰荷叶
式六足香几（故宫博物院藏）

（二）花几

1. 花梨高束腰三弯腿卷珠承盘五足圆花几 （图 220）

这是一件精致素雅的花几，几面冰盘沿上下起线、中间起洼。束腰上装饰减地浅雕炮仗洞造型，叠刹线则与冰盘沿线脚呼应。膨鼓的牙板光素，起阳线装饰，细长的三弯腿似蜻蜓腿，足下卷珠搭叶，踩在四边形小拖垫上，下承圆盘，盘下五拖脚。

2. 花梨高束腰鼓腿膨牙五足圆花几 （图 221）

面径 47.2 厘米，高 85.5 厘米。

花几通体圆润素雅无雕饰。几面圆形，沿边起拦水线，面下束腰，鼓腿膨牙，五腿由上而下逐渐变细，至足端内翻卷珠，落在环形的托泥之上。牙板与腿插肩榫交接，沿边顺势弯曲。

此几精工细作，厚重沉稳大气。与乾隆五年（1740 年）金昆等所绘的《庆丰图》中家具店内陈列的几形制相似；其大气素雅的风格，也与时代特征相吻合。另据其造型和材质推断，此几为清中期的家具制品。

3. 花梨有束腰霸王枨方花几 （图 222、223）

长 55 厘米，宽 48 厘米，高 84 厘米。

花几几面为方形，形制简明质朴。几面冰盘沿大倒棱，有束腰，直脚，内翻马蹄足，立于托泥之上，腿与几面设有霸王枨。

图 220 花梨高束腰三弯腿卷珠承盘五足圆花几
（引自美国《中国古典家具学会会刊》）

图 221 花梨高束腰鼓腿膨牙五足圆花几
（上海博物馆藏）

图 222 花梨有束腰霸王枨方花几
（引自古斯塔夫·艾克《中国花梨家具图考》）

图 223 明崇祯《西厢记》插图中的方花几

九 架

架是居室中不可缺少的生活用具。架，形声字，从木，是指搁置或起支承作用的用具。在明清时代，依据承托物品的需要，用木杆构成衣架、盆架、灯架、书架等。《长物志》卷十中描绘了文人卧室的陈设："面南设卧榻一，榻后别留半室，人所不至，以置熏笼、衣架……书灯之属。"还说："室中精洁雅素，一涉绚丽，便如闺阁中。"[1] 我们在传世的架类文物中可见，有装饰花草、龙凤等吉祥图案的，也有精简素雅的。由于架的用途不同、适合的场所不同，其风格也不同，所以常见的卧室中的衣架、镜架，其装饰突出。如有的架端头装饰凤头、龙头、灵芝纹等，面板上装饰各色草花、古钱、龙凤朝阳等吉祥图案。而书架之类大多简素。架通常分为衣架、盆架、灯架、镜架、书架等（**图224-226**）。

[1]［明］文震亨撰：《长物志》，《四库提要著录丛书》第56册，北京：北京出版社据明刻本影印，2016年。

图224 明《醒世恒言》插图中的衣架

图225 明崇祯《西湖二集》插图中的灯架

图 226 明唐寅《双鉴行窝图》册（局部）中的书架

衣架，在底座上撑起两层架杆，顶层架杆左右两端伸出，成为端头。衣服搭放在架杆上。

盆架，摆放洗脸盆的架子，有高型和矮型两种。矮盆架一般有五足环形排列组成。高型盆架的后两脚抬高，并在上面作装饰。

古代以烛光照明，故多使用灯架。有悬挂式的，也有落地式的。落地式灯架是在架底座上用杆支起一平盘，平盘之上插放蜡烛。其底座如《鲁班经》中描述的"每一只脚做交进三片"。[1] 在清代，还有一种屏座式灯架，即其底座做成屏架式，灯杆可上升下降，因为其下端有一横杆，与灯杆成"丁"字形，可在屏架上滑动，依靠上端的木楔可固定灯架需要的高度。

镜架是支撑镜子的架子。但明清时期的镜架，除了有置架铜镜的功能外，往往还可以摆放化妆用品。因此镜架与箱匣结合在一起，形成一种特殊的形制，故镜架还有镜台、镜箱或镜匣等称呼。

[1] [明]午荣编，张庆澜、罗玉译注：《鲁班经》，重庆：重庆出版社，2007 年。

[1] [清] 李春荣编：《水石缘》，《古本小说集成》第 26 册，上海：上海古籍出版社，1994 年。

[2] [清] 西湖散人撰：《红楼梦影》，《古本小说集成》第 232 册，上海：上海古籍出版社，1994 年。

[3] [清] 李渔编：《连城璧》，《古本小说集成》第 220 册，上海：上海古籍出版社，1994 年。

[4] [清] 佚名著，薛汕校订：《二荷花史》，北京：文化艺术出版社，1985 年。

书架以开架式为主要形式，透空畅通，也被称为"书格"。有的书架中段设有抽屉，有的背面装板，有的加饰有券口、圈口、栏杆等。清代的多宝格是书架的变体，适应于放置古董文玩等物品，注重陈设的装饰作用。

古代小说中对花梨架的描述有清李春荣《水石缘》载：

铜炉内者一缕青螺甲，胆瓶中浸一枝剪春罗，旁有一座花梨架，内列楸枰、册页、管弦、檀板诸物。[1]

清西湖散人《红楼梦影》载：

莺儿过去掀起绛毡板帘，见当地笼着个花梨架白铜小火盆，临窗桌堆着那祭礼，满屋里却无灰尘。[2]

清李渔《连城璧》载：

那骰子是用得熟熟滑滑、棱角都没有的。色盆外面有黄蜡裹着，花梨架子嵌着，掷来是不响的。[3]

清佚名《二荷花史》载：

转眼又观前一步，两边安着两花床；中间放个花梨架，搭起几件文衣共绣裳；垂垂珠箔从中卷，又见侧安一桌系挨墙，上叠古书三五卷，供起砚匣花瓶共笔床。[4]

（一）衣架

1. 花梨雕龙首纹衣架 （图227）

架长 191.5 厘米，宽 57 厘米，高 188 厘米。

衣架以两方厚木雕做成如意云头式墩子，上置圆杆立柱，前后直立透雕螭纹站牙扶正。立柱顶端装圆杆，两端头圆雕龙首。下安两横档，立短柱，分成三段式，嵌透雕螭纹绦环板组成中牌子。此衣架纹饰精美，技艺精巧。为清代中期制品。

图 227 花梨雕龙首纹衣架
（故宫博物院藏）

2. 花梨雕夔凤首纹衣架 ^(图228)

架长176厘米，宽47.5厘米，高168.5厘米。

衣架以两方厚木做墩子，上置扁方形立柱，前后直立站牙扶正。两墩间设有棂格状横撑。平稳牢固。顶柱搭脑为直杆，两端头挑出变体花饰夔凤首。两柱间上部设置中牌子，有三块透雕夔纹的绦环板组成，下部加设横档一根，凡横材与立柱交接处，都设有镂空雕花的插角做支托。夔纹装饰是此衣架最显著的特点。应为清代中期制品。

图 228 花梨雕夔凤首纹衣架
（上海博物馆藏）

3. 花梨透雕夔凤纹衣架 (图229)

长188厘米，宽56厘米，高165厘米。

十多年前，首次见到此衣架，即被其精湛的工艺所打动。玲珑剔透的雕刻攒接工艺，如意与夔凤纹组成精美的四方连续，配合夔龙的角花、倒挂的花牙、透雕缠枝灵芝纹站牙，以及丰富的线条装饰，尤其通过宽厚的花瓣纹抱鼓墩加以衬托，华美具现。应为清代早期制品。

图 229 花梨透雕夔凤纹衣架
（中国国家博物馆藏）

图 230 花梨透雕麒麟送子纹龙首花式盆架
（上海博物馆藏）

（二）盆架

1. 花梨透雕麒麟送子纹龙首花式盆架（图230）

架直径 60 厘米，通高 176 厘米。

在上海博物馆中有一件花式盆架，六足圆柱形，环绕中心与上下两组横档搭建构成。后两足柱搭脑两端透雕龙头，小方壶门式券口，两侧为透雕云龙纹角牙。框架正中嵌绦环板，上为透雕麒麟送子。下两横档，横档下依次有勒水花牙条与直板牙条。前四足设圆雕莲花柱头。与明万历年间苏州王锡爵墓出土的明器盆架（见第83页图69）比较，此盆架有三点不同：

一是此盆架高足搭脑端头装饰透雕龙头，王锡爵墓出土的明器盆架，其搭脑装饰是灵芝纹，灵芝是明代的典型纹样，夔龙纹是清代的一种典型纹样；

二是盆架的长宽比例上显然修长了许多，在造型上有向高处发展的趋势，但后者则短而敦实；

三是此盆架的透雕装饰增多，清代以后简洁文雅的气息逐渐减弱，装饰繁复增多，这正是清式家具发展过程的体现。应为清代中期作品。

2. 花梨透雕如意菊花瑞草纹龙首六足高盆架（图231）

架直径 63 厘米，通高 182 厘米。

盆架集透雕、圆雕、浮雕于一体，皆灵动生机，精微细现，体现了高超的工艺水平，是盆架的典型式样。中牌上透雕菊花瑞草纹样，俱显清中期作品特色。

3. 黄花梨五足矮面盆架（图232）

架边长 21 厘米，高 71.5 厘米。

盆架用圆材，上下做折弯，上托盆，下出脚。弯处安横档接中央的梅花圈，圈下还设有弯梗托角牙。所见苏式矮面盆架，均为五足，五形似梅花，象征五福。为清中期作品。

图 231 花梨透雕如意菊花瑞草纹龙首六足高盆架
（中国国家博物馆藏）

图 232 黄花梨五足矮面盆架
（引自濮安国《明清苏式家具》图 405）

4. 黄花梨透雕花草螭龙纹火盆架 (图233、234)

长 79 厘米，宽 79 厘米，高 82 厘米。

盆架为束腰方桌形结构，在腿部增设两层屉板，内设抽屉。面上挖出圆形，以放置火盆，束腰上雕花草螭龙。特殊功能性表现出特殊的造型设计，其比例、装饰与功能融为一体。应为清代早期制品。

图 233 黄花梨透雕花草螭龙纹火盆架
（中国国家博物馆藏）

图 234 黄花梨火盆架束腰上的透雕花草螭龙纹

（三）镜架

1. 花梨雕凤首纹五屏式镜架 (图235)

长52厘米，宽36.5厘米，高80厘米。

这件华美的作品精工细作，六只凤首引领屏背玉屏与镜面放置区。丰富的透雕、浮雕绚丽多姿，令人目不暇接。台座朴实，面上浅雕凤纹装饰，围板上透雕四合如意纹，望柱上圆雕的狮子，牙板是勒水的花牙，整体古朴典雅精丽。铜镜就置于斜向的支架上，映照着盈盈光彩。应为清代中期制品。

图 235 花梨雕凤首纹五屏式镜架
（中国国家博物馆藏）

2. 花梨透雕云龙纹五屏式镜架 (图236)

长 64 厘米，宽 38 厘米，高 92 厘米。

六条云龙使整件镜架灵动鲜活起来。背屏上是各种花草玲珑剔透，台座则具质朴淳厚的美感表达，望柱端头圆雕莲瓣纹。镜支上雕麒麟送子、福禄双全纹饰，充满自然生机和繁花似锦的气象。应为清代早期制品。

图 236 花梨透雕云龙纹五屏式镜架
（中国国家博物馆藏）

3. 花梨透雕花草麒麟送子纹五屏式镜架 (图 237)

镜架台面上的造型组合丰富。中间为摆放镜子的区域，两侧分两进，有拦板。镜后三扇屏风向左右依次渐低，两侧两扇与中栏相接。搭脑、顶杆端头雕饰螭首纹，中心顶为火珠装饰。屏壁透雕花草纹与麒麟送子纹，十分富丽。架座两层，中设立柱，分别安三具、二具共五具抽屉，面板上均雕饰梅花。架座上下冰盘沿突出，使造型成须弥座形式，三弯腿，足端内翻卷涡状，牙板上雕刻如意卷草纹。这是一件精致华美的古时梳妆用品，从造型到纹饰都具有丰富的传统文化内涵。为清代中期制品。

图 237 花梨透雕花草麒麟送子纹五屏式镜架
（引自美国《中国古典家具博物馆图录》）

4. 花梨箱匣式镜架 ^(图238)

长49厘米，宽49厘米，高25.5厘米，通高60厘米。

镜架落下为箱，开启为架，荷叶镜托，盖面上中心装饰木作雕饰的四合如意透空图案，周围装六块落堂起兜肚的面板，分别浮雕螭龙纹。箱体四面平式，看面箱门两扇，配装合页开启，门框内侧起阳线，门板落堂，平素光洁。箱足为内翻马蹄。为清代中期制品。

5. 花梨浮雕如意云纹折叠镜架 ^(图239)

长35厘米，宽29厘米，高30厘米。

镜架简洁灵动，方便实用。木构的机制，框面做圆，造型朴实，极具巧思，如意云纹的装饰成为鲜明的特点，令人爱不释手。

图 238 花梨箱匣式镜架
（上海博物馆藏）

图 239 花梨浮雕如意云纹折叠镜架
（中国国家博物馆藏）

（四）书架

1. 花梨素面打洼四格书架 （图240）

长 96.5 厘米，宽 45.5 厘米，高 192 厘米。

书架架格四层，简洁光素，明式韵味十足，料面做打洼装饰。分水牙板的设置，使简单的书架有了生机，耐人寻味。

图 240 花梨素面打洼四格书架

（故宫博物院藏）

十　屏风

　　屏风，在中国家具中是具有悠久历史和文化渊源的器具。古代席地而坐时，屏风就是最主要的家具品种之一。《长物志》中说："屏风之制最古。"《鲁班经》"家具篇"中第一条就是讲屏风。

　　由于古代房屋空间开敞的建构特点，除了门窗，居室内主要用屏风来遮挡和围合空间，并起到挡寒、避风的作用。在古代绘画中常见到诸如屏前会客、屏前安排画案书桌、床前设屏风、榻后置屏风等场景，可见屏风在古代室内环境还起着重要的装饰效果。

　　明清时期，屏风有用于榻上的枕屏、摆放在砚前的砚屏、形体高大的座屏和围屏等，类别十分丰富多样。花梨屏风大多工艺考究，擅施雕刻、镶嵌，十分精美。

　　清代以来，在围屏上更多见与书画结合的设计形式，还有墙壁上悬挂的挂屏等新形制。由于屏风最具古雅的意趣，因此，屏风在文人书房中往往起到不可或缺的点睛之笔的装饰效果（**图 241-243**）。通常依据形制的不同，屏风可分为座屏、围屏、台屏和挂屏等。

　　座屏，在《鲁班经》中描述的形象非常明确，琴脚，桨腿，雕日月掩象鼻；竹圆、棋盘线、绦环，水花。其大小可依据房间的大小而有所不同。可见此类形制是明清座屏中较早的式样，以后座屏在此基本式样上逐步地改变。此外，明代的座屏多为独屏，镶嵌大理石是当时文人倡导的样式。到清代时，屏风重雕刻，并出现了多扇置于同一座上的屏风。

图 241 明杜堇《玩古图》中的案、桌、椅、凳摆放场面

台屏，一种小型座屏。常常摆放在桌案上使用，如砚屏。也有相同形制的屏风摆放于榻上、枕前起避风作用的，则称为"榻屏"或"枕屏"（**图244、245**）。

　　围屏，由多个单扇连接组成的可折叠的屏风。早在五代王齐翰《勘书图》中就可见画面中使用大片的空间描绘了一具三折屏风，其上是青绿山水画面。至明代，版画中有了更多的折叠式围屏的形象，有三折、四折、六折或八折组成，而清代多十二折的围屏。

图242 明万历《量江记》插图中的座屏

图243 明《锦笺记》插图中的座屏

图244 宋赵伯骕《风檐展卷》（局部）中的榻屏

图245 明谢环《杏园雅集图》卷（局部）中的砚屏

（一）座屏

1. 花梨镶嵌云石座屏 ^(图246)

座屏为插屏式，由屏座、屏板组合而成，屏板四周的绦环板透雕夔龙纹，屏心嵌自然山水大理石，屏板插入屏座立柱的槽口内。立柱上雕饰莲瓣纹，桨腿、琴脚上也做透雕、浮雕或圆雕，细木作工艺精美无比。座身三横档上立三根短柱，中镶五块绦环板，透雕夔龙寿字，披水牙板浮雕卷草如意、夔龙及回纹，不同的工艺手法都获得了完美的展现。此座屏雕刻精美而趋于繁复，已失明代简练的文人格调和艺术标准，但不失其装饰的效果和文化价值。为清代早期作品。

图 246 花梨镶嵌云石座屏
（美国明尼阿波利斯艺术博物馆藏）

2. 花梨镶嵌玻璃油画仕女观宝图座屏 **(图247)**

长 150 厘米，宽 78 厘米，高 245.5 厘米。

插屏式座屏，屏心镶嵌玻璃油画"仕女观宝"。周围以螭龙寿意为主题，屏座立柱顶端饰莲花瓣柱头，站牙扶正，琴脚，披水牙板上浮雕螭龙和回纹。为清代早期作品。

图 247 花梨镶嵌玻璃油画仕女观宝图座屏
（故宫博物院藏）

（二）台屏

1. 花梨嵌浮雕蟹竹纹紫石台屏 ^{（图248）}

长96厘米，宽69厘米，高98厘米。

屏心是紫石上浮雕"三胪传甲"，边框上浮雕如意，屏座上有透雕夔龙寿意绦环板，披水牙子上亦是透雕莲花，精致绚丽，工艺精湛。不论是屏心的雕刻，还是屏的比例架构与图案装饰，都让人赞赏，叹为观止。为清代早期制品。

图 248 花梨嵌浮雕蟹竹纹紫石台屏
（故宫博物院藏）

2. 花梨嵌漆地龙纹面心台屏 (图249)

长 64.5 厘米，宽 44 厘米，高 114.5 厘米。

台屏以回纹和如意云纹做装饰，木质框架有效地衬托出海水江崖、二龙戏珠的屏心图案，为简练大气的台屏经典之作。为清代早期制品。

图 249 花梨嵌漆地龙纹面心台屏
（故宫博物院藏）

（三）围屏

1. 花梨嵌刻灰彩绘楼台人物围屏（十二扇）^{（图250）}

长680厘米，厚7厘米，高330厘米。

深致花梨木色有效地衬托出刻灰彩绘楼台人物风景围屏，楣板、裙板上均为透雕的螭龙寿意图案，繁华绚丽，雕工精湛，给人以震撼。为清代早期制品。

图 250 花梨嵌刻灰彩绘楼台人物围屏（十二扇）
（中国国家博物馆藏）

一个时代的典型家具，是当时社会文明的缩影。花梨家具质朴文雅的艺术品格，给人以洗练精妍的审美感受，设计的背后总是交织着共享人群的文化与交流活动。这一崭新的家具形式，适应江南园林居室建设和雅集活动的需求，内含文人文化，深刻地反映着明末清初时的人文精神和浪漫纯美的造物情怀，它是明清富商大贾自我尊贵形象的标榜。

张道一先生曾说："社会是以群而分的，不仅有年龄、性别、职业、信仰之分，也有文化程度和兴趣爱好的差异，加之地区的文化背景、风俗习惯、自然环境等关系，便形成了大大小小的'文化圈'。"至封建社会"便逐渐形成了几种不同的文化：以宫廷为代表的贵族文化；以文人士大夫为主的文人文化；以宣扬宗教为目的的宗教文化；以农民为主的民间文化。"[1]

文人文化与文人集团有关，在物质文化中体现出雅致逸趣和高风亮节的文人志趣，花梨家具就是明代晚期文人文化物化的结果。将简洁典雅附丽于优美的材质，可以说花梨家具产生的过程，反映出明人的巧智和对自然材质的科学把握和运用，是时人真、善、美物化的结果。

老子在《道德经》中说："执古之道，以御今之有。能知古始，是谓道纪。"[2] 在中国家具制造蓄势待发的今天，将优秀的传统文化融入于心，内化为本，在时代精神的感召下，为创造"中而新"的中国家具不懈努力！

[1] 张道一著：《张道一论民艺》，济南：山东美术出版社，2008 年。
[2] 吴诚真著：《道德经阐微》，北京：东方出版社，2016 年。

附录：古籍中家具资料选摘

明午荣《鲁班经》中的家具史料

案桌式

高二尺五寸，长短阔狭看按面而做。中分两孔，按面下抽箱或六寸深，或五寸深，或分三孔或两孔。下踏脚方与脚一同大，一寸四分厚，高五寸，其脚方圆一寸六分大，起麻扩线。

桌

高二尺五寸，长短阔狭看按面而做。中分两孔，按面下抽箱或六寸深，或五寸深，或分三孔，或两孔，或两孔下踏。脚方与脚一同大，一寸四分厚，高五寸，其脚方员一寸六分大，起麻横线。

八仙桌

高二尺五寸，长三尺三寸，大二尺四寸，脚一寸五分大。若下炉盆，下层四寸七分高，中间方员九寸八分无误。勒木三寸七分大，脚上方员二分，线桌框二寸四分大，一寸二分厚，时师依此式大小，必无一误。

小琴桌式

长二尺三寸，大一尺三寸，高二尺三寸，脚一寸八分大，下梢一寸二分大，厚一寸一分，上下琴脚勒木二寸大，斜斗六分。或大者放长尺寸，与一字桌同。

圆桌式

方三尺零八分，高二尺四寸五分，面厚一寸二分。串进两半边做，每边桌脚四只，二只大，二只半边做合进榫一般大，每只一寸八分大，一寸四分厚，四围三湾勒水。余仿此。

一字桌式

高二尺五寸，长二尺六寸四分，阔一尺六寸，下梢一寸五分，方好合进。做八仙桌勒水花牙，三寸五分大，桌头三寸五分长，柜一寸九分大，一寸二分厚，框下关头八分大，五分厚。

棋盘方桌式

方圆二尺九寸三分，脚二尺五寸高，方员一寸五分大，桌框一寸二分厚，二寸四分大，四齿吞头四个，每个七寸长，一寸九分大，中截下绦环脚或人物，起麻出色线。

折桌式

框一寸三分厚、二寸二分大。除框脚高二尺三寸七分整，方圆一寸六分大，要下稍去些。豹脚五寸七分长，一寸一分厚，二寸三分大，雕双线，起双沟，每脚上二笋，开豹脚上，方稳不会动。

禅椅式

一尺六寸三分高，一尺八寸二分深，一尺九寸五分深。上屏二尺高，两力手二尺二寸长，柱子方圆一寸三分大，屏上七寸，下七寸五分，出笋三寸，斗头下盛脚盘子四寸三分高，一尺六寸长，一尺三寸大，长短大小仿此。

校椅式

做椅先看好光梗木头及节次用，解开要干，枋才下手做。其柱子一寸大，前脚二尺一寸高，后脚二尺九寸三分高，盘子深一尺二寸六分，阔一尺六寸七分，厚一寸一分。屏上五寸大，下六寸大，前花牙一寸五分大，四分厚，大小长短，依此格。

搭脚仔凳

长二尺二寸，高五寸，大四寸五分，大脚一寸二分大，一寸一分厚，面起剑眷线，脚上厅竹圆。

板凳式

每做一尺六寸高，一寸三分厚，长三尺八寸五分，凳头三寸八分半长，脚一寸四分大，一寸二分厚，花牙勒水三寸七分大，或看凳面长短及粗细，尺寸一同，余仿此。

琴凳式

大者看厅堂阔狭浅深而做。大者高一尺七寸，面三寸五分厚，或三寸厚，即欹坐不得。长一丈三尺三分，凳面一尺三寸三分大，脚七寸大。雕卷草双钩，花牙四寸五分半，凳头一尺三寸一分长，或脚下做贴仔，只可一寸三分厚，要除矮脚一寸三分才相称。或做靠背凳尺寸一同。但靠背只高一尺四寸，则止扩仔做一寸二分大，一尺五分厚，或起棋盘线，或起剑眷线，雕花亦如之。不下花者同样。余长短宽阔在此尺寸上分，准此。

大床

下脚带床方共高二尺二寸二分，正床方七寸七分大，或五寸七分大，上屏四尺五寸二分高，后屏二片，两头二片阔者，四尺零二分，窄者三尺二寸三分，长六尺二寸，正领一寸四分厚，做大小片下，中间要做阴阳相合。前踏板五寸六分高，一尺八寸阔，前楣带顶一尺零一分。下门四片，每片一尺四分大，上脑板八寸，下穿藤一尺八寸零四分，余留下板片。门框一寸四分大，一寸二分厚，下门槛一寸四分三，接里面转芝门，九寸二分或九寸九分，切忌一尺大，后学专用记此。

凉床式

此与藤床无二样，但踏板上下栏杆要下长，柱子四根，每根一寸四分大。上楣八寸大，下栏杆前一片，左右两二万字或十字，挂前二片止作一寸四分大，高二尺二寸五分，横头随踃板大小而做，无误。

藤床式

下带床方一尺九寸五分高，长五尺七寸零八分，阔三尺一寸五分半。上柱子四尺一寸高，半屏一尺八寸四分高，床岭三尺阔，五尺六寸长，框一寸三分厚。床方五寸二分大，一寸二分厚，起一字线好穿藤。踏板一尺二寸大，四寸高，或上框做一寸二分，后脚二寸六分大，一寸三分厚，半合角记。

禅床式

此寺观庵堂，才有这做。在后殿或禅堂两边，长依屋宽窄，但阔五尺，面前高一尺五寸五分，床矮一尺。前平面板八寸八分大，一寸二分厚，起六个柱，每柱三寸方圆。上下一穿，方好挂禅衣及帐帏。前平面板下要下水椹板，地上离二寸下方好盛板片，其板片要密。

衣厨样式

高五尺零五分，深一尺六寸五分，阔四尺四寸，平分为两柱，每柱一寸六分大，一寸四分厚。下衣扩一寸四分大，一寸三分厚。上岭一寸四分大，一寸二分厚。门框每根一寸四分大，一寸一分厚。其厨上梢一寸二分。

柜式

大柜上框者二尺五寸高，长六尺六寸四分，阔三尺三寸。下脚高七寸，或下转轮斗在脚上可以推动。四柱每柱三寸大，二寸厚，板片下叩框方密小者，板片合进二尺四寸高，二尺八寸阔，长五尺零二寸，板片一寸厚板，此及量斗及星迹，各项谨记。

镜架式及镜箱式

镜架及镜箱有大小者。大者一尺零五分深，阔九寸，高八寸零六分，上层下镜架二寸深，中层下抽箱一寸二分，下层抽箱三尺，盖一寸零五分，底四分厚，方圆雕车脚内中下镜架七寸大，九寸高。若雕花者，雕双凤朝阳，中雕古钱，两边睡草花，下佐连花托，此大小依此尺寸退墨无误。

雕花面架式

后两脚五尺三寸高，前四脚二尺零八分高，每落墨三寸七分大，方能后转，雕刻花草。此用樟木或楠木，中心四脚折进用阴阳笋（榫），共阔一尺五寸二分零。

素衣架式

高四尺零一寸，大三尺，下脚一尺二寸，长四寸四分，大柱子一寸二分大，厚一寸，上搭脑出头二寸七分，中下光框一根，下二根窗齿每成双，做一尺三分高，每眼齿仔八分厚，八分大。

花架式

大者六脚或四脚，或二脚。六脚大者，中下骑箱一尺七寸高，两边四尺高，中高六尺，下枋二根，每根三寸大，直枋二根，三寸大，五尺阔，七尺长，上盛花盆板一寸五分厚，八寸大，此亦看人家天井大小而做，只依此尺寸退墨有准。

屏风式

大者高五尺六寸，带脚在内。阔六尺九寸，琴脚六寸六分大，长二尺，雕日月掩象鼻格，奖腿二尺四寸高，四寸八分大，四框一寸六分大，厚一寸四分。外起改竹圆，内起棋盘线，平面六分，窄面三分，绦环上下俱六寸四分，要分成单，下勒水花分作两孔，雕四寸四分，相屋阔窄，余大小长短依此，长仿此。

围屏式

每做此行用八片，小者六片，高五尺四寸正，每片大一尺四寸三分零，四框八分大，六分厚，做成五分厚，算定共四寸厚。内较田字格，六分厚，四分大，做者切忌碎框。

牙轿式

　　宦家明轿椅下一尺五寸高，屏一尺二寸高，深一尺四寸，阔一尺八寸，上圆手一寸三分大，斜七分才圆，轿杠方圆一寸五分大，下踣带轿二尺三寸五分深。

衣笼样式

　　一尺六寸五分高，二尺二寸长，一尺三寸大，上盖役九分，一寸八分高，盖上板片三分厚，笼板片四分厚，内子口八分大，三分厚，下车脚一寸六分大。或雕三湾，车脚上要下二根横枅仔，此笼尺寸无加。

衣箱式

　　长一尺九寸二分，大一尺六寸，高一尺三寸，板片只用四分厚，上层盖一寸九分高，子口出五分，或下车脚一寸三分大，五分厚，车脚只是三湾。

面架式

　　前两柱一尺九寸高，外头二寸三分，后二脚四尺八寸九分，方圆一寸一分大，或三脚者，内要交象眼，除笋画进一寸零四分，斜六分，无误。

衣架雕花式

　　雕花者五尺高，三尺七寸阔，上搭头每边长四寸四分，中绦环三片，桨腿二尺三寸五分大，下脚一尺五寸三分高，柱框一寸四分大，一寸二分厚。

衣折式

　　大者三尺九寸长，一寸四分大，内柄五寸，厚六分。小者二尺六寸长，一寸四分大，柄三寸八分，厚五分。此做如剑样。

大方扛箱样式

柱高二尺八寸，四层。下一层高八寸，二层高五寸，三层高三寸七分，四层高三寸三分，盖高二寸，空一寸五分，梁一寸五分；上净瓶头共五寸，方层板片四分半厚；内子口三分厚，八分大；两根将军柱，一寸五分大，一寸二分厚；桨腿四只，每只一尺九寸五分高，四寸大；每层二尺六寸五分长，一尺六寸阔，下车脚二寸二分大，一寸二分厚，合角斗进雕虎爪双钩。

烛台式

高四尺，柱子方圆一寸三分大，分上盘仔八寸大，三分倒挂花牙。每一只脚下交进三片，每片高五寸二分，雕转鼻带叶。交脚之时，可拿板片画成，方员八寸四分，定三方长短，照墨方准。

杌子式

面一尺二寸长，阔九寸或八寸，高一尺六寸，头空一寸零六分，画眼脚方圆一寸四分大，面上眼斜六分半，下扩仔一寸一分厚，起剑脊线，花牙三寸五分。

香几式

凡佐香几，要看人家屋大小若何。而大者，上层三寸高，二层三寸五分高，三层脚一尺三寸长，先用六寸大，后做一寸四分大，下层五寸高，下车脚一寸五分厚。合角花牙五寸三分大，上层栏杆仔三寸二分高，方圆做五分大，余看长短大小而行。

明文震亨《长物志》中的家具史料

天然几

以文木如花梨、铁梨、香楠等木为之。第以阔大为贵，长不可过八尺，厚不可过五寸，飞角处不可太尖，须平圆，乃古式。照倭几下有拖尾者，更奇。不可用四足如书桌式，或以古树根承之。不则用木，如台面阔厚者，空其中，略雕云头、如意之类。不可雕龙凤、花草诸俗式。近时所制，狭而长者，最可厌。

方桌

旧漆者最多，须取极方大古朴、列坐可十数人者，以供展玩书画。若近制八仙等式，仅可供宴集，非雅器也。燕几别有谱图。

书桌

中心取阔大，四周镶边，阔仅半寸许，足稍矮而细，则其制自古。凡狭长、混角诸俗式，俱不可用。漆者尤俗。

壁桌

长短不拘，但不可过阔，飞云、起角、螳螂足诸式，俱可供佛。或用大理及祁阳石镶者，出旧制，亦可。

台几

倭人所制，种类、大小不一，俱极古雅精丽。有镀金镶四角者，有嵌金银片者，有暗花者，价俱甚贵。近时仿旧式为之，亦有佳者，以置尊彝之属，最古。若红漆、狭小、三角诸式，俱不可用。

椅

椅之制最多，曾见元螺钿椅，大可容二人，其制最古。乌木镶大理石者，最称贵重，然亦须照古式为之。总之，宜矮不宜高，宜阔不宜狭。其折叠单靠、吴江竹椅、专诸禅椅诸俗式，断不可用。踏足处，须以竹镶之，庶历久不坏。

禅椅

以天台藤为之，或得古树根，如虬龙诘曲臃肿，槎牙四出，可挂瓢笠及数珠、瓶钵等器。更须莹滑如玉，不露斧斤者为佳。近见有以五色芝粘其上者，颇为添足。

杌

杌有二式，方者四面平等，长者亦可容二人并坐，圆杌须大，四足彭出。古亦有螺钿朱黑漆者。竹杌及缩环诸俗式，不可用。

凳

凳亦用狭边镶者为雅。以川柏为心，以乌木镶之，最古。不则竟用杂木，黑漆者亦可用。

交床

即古胡床之式，两都有嵌银、银铰钉圆木者。携以山游，或舟中用之，最便。金漆折叠者，俗不堪用。

榻

坐高一尺二寸，屏高一尺三寸，长七尺有奇，横一尺五寸。周设木格，中实湘竹，下座不虚，三面靠背，后背与两傍等。此榻之定式也。有古断纹者，有元螺钿者，其制自然古雅。忌有四足，或为螳螂腿，下承以板则可。近有大理石镶者，有退光朱黑漆，中刻竹树，以粉填者，有新螺钿者，大非雅器。他如花楠、紫檀、乌木、花梨，照旧式制成，俱可用，一改长大诸式，虽曰美观，俱落俗套。更见元制榻，有长一丈五尺，阔二尺余，上无屏者，盖古人连床夜卧，以足抵足，其制亦古，然今却不适用。

短榻

高尺许，长四尺，置之佛堂、书斋，可以习静坐禅，谈玄挥尘，更便斜倚，俗名弥勒榻。

几

以怪树天生屈曲，若环若带之半者为之，横生三足，出自天然。摩弄滑泽，置之榻上或蒲团，可倚手顿颡。又见图画中，有古人架足而卧者，制亦奇古。

橱

藏书橱须可容万卷，愈阔愈古，惟深仅可容一册。即阔至丈余，门必用二扇，不可用四及六。小橱以有座者为雅，四足者差俗，即用足，亦必高尺余，下用橱殿，仅宜二尺，不则两橱叠置矣。橱殿以空如一架者为雅。小橱有方二尺余者，以置古铜玉小器为宜。大者用杉木为之，可辟蠹，小者以湘妃竹及豆瓣楠、赤水椤。古黑漆断纹者，为甲品。杂木亦俱可用，但式贵去俗耳。铰钉忌用白铜，以紫铜照旧式，两头尖如梭子，不用钉钉者为佳。竹橱及小木直楞，一则市肆中物，一则药室中物，俱不可用。小者有内府填漆，有日本所制，皆奇品也。经橱用朱漆，式稍方，以经册多长耳。

佛橱　佛桌

用朱黑漆，须极华整，而无脂粉气。有内府雕花者，有古漆断纹者，有日本制者，俱自然古雅。近有以断纹器凑成者，若制作不俗，亦自可用。若新漆八角委角，及建窑佛像，断不可用也。

架

书架有大小二式，大者高七尺余，阔倍之。上设十二格，每格仅可容书十册，以便检取，下格不可置书，以近地卑湿故也。足亦当稍高。小者可置几上，二格平头。方木、竹架，及朱黑漆者，俱不堪用。

床

以宋、元断纹小漆床为第一，次则内府所制独眠床，又次则小木出高手匠作者，亦自可用。永嘉、粤东有折叠者，舟中携置亦便。若竹床及飘檐、拔步、彩漆、卍字、回纹等式，俱俗。近有以柏木琢细如竹者，甚精，宜闺阁及小斋中。

箱

倭箱，黑漆嵌金银片，大者盈尺，其铰钉锁钥，俱奇巧绝伦，以置古玉重器，或晋唐小卷，最宜。又有一种差大，式亦古雅，作方胜、缨络等花者，其轻如纸，亦可置卷轴、香药、杂玩，斋中宜多蓄以备用。又有一种古断纹者，上圆下方，乃古人经箱，以置佛坐间，亦不俗。

屏

屏风之制最古。以大理石镶下座精细者为贵，次则祁阳石，又次则花蕊石。不得旧者，亦须仿旧式为之。若纸糊及围屏、木屏，俱不入品。

脚凳

以木制滚凳，长二尺，阔六寸，高如常式，中分一铛，内二空，中车圆木二根，两头留轴转动，以脚踹轴，滚动往来。盖涌泉穴精气所生，以运动为妙。竹踏凳方而大者，亦可用。古琴砖有狭小者，夏月用作踏凳，甚凉。

明高濂《遵生八笺》中的家具史料

藤墩

蒲墩止宜于冬月，三时当置藤墩，如画上者，其有雅趣。否则近日吴兴所制版面竹凳，坚实可坐。又如八角水磨小凳，三角凳，俱入清斋。吴中漆嵌花蝤圆凳，当置之金屋，为阿娇持觞介主之用。

仙椅

臞仙云：默坐凝神运用，须要坐椅宽舒，可以盘足，后靠椅制，后高扣坐，身作荷叶状者为靠脑。前作伏手，上作托额，亦状莲叶。坐久思倦，前向则以手伏伏手之上，额托托额之中，向后则以脑枕靠脑，使筋骨舒畅，血气流行。

隐几

以怪树天生屈曲，若环带之半者为之，有横生三丫作足为奇，否则装足作几，阑之榻上，倚手顿颡可卧。《书》云"隐几而卧"者，此也。余见友人吴破瓢一几，树形皱皮，花细屈曲奇怪，三足天然，摩弄莹滑，宛若黄玉。此老携以遨游，珍惜若宝，此诚稀有物也。今以美木取曲为之，水磨光莹，亦可据隐。此式知者甚少，庙中三清圣像，环身有若围带，即此几也，似得古制。近日塑像，去其半矣。

滚凳

涌泉二穴，人之精气所生之地，养生家时常欲令人摩擦。今置木凳，长二尺，阔六寸，高如常，四程镶成。中分一档，内二空，中车圆木二根，两头留轴转动，凳中凿窍活装。以脚踹轴滚动，往来脚底，令涌泉穴受擦，无烦童子，终日为之便甚。

禅椅

禅椅较之长椅，高大过半，惟水摩者为佳。斑竹亦可其制，惟背上枕首，横木阔厚，始有受用。

靠背

以杂木为框，中穿细藤如镜架然，高可二尺，阔一尺八寸，下作机局，以准高低。置之榻上，坐起靠背，偃仰适情，甚可人意。

二宜床

式如常制凉床，少阔一尺，长五寸，方柱四立，覆顶当做成一扇阔板，不令有缝。三面矮屏，高一尺二寸作栏。以布漆画梅，或葱粉洒金亦可。下用密穿棕簟。夏月内张无漏帐，四通凉风，使屏少护汗体，且蚊蚋虫蚁无隙可入。冬月，三面并前两头作木格七扇，糊以布骨纸面，先分格数凿孔，俟装纸格以御寒气。更以冬帐闭之，帐中悬一钻空葫芦，口上用木车顶盖，钻眼插香入葫芦中，俾香气四出。床内后柱上钉铜钩二，用挂壁瓶。四时插花，人作花伴，清芬满床，卧之神爽意快。冬夏两可，名曰二宜。较彼雕銮蛐嵌，金碧辉映者，觉此可久。

靠几

以水磨为之，高六寸，长二尺，阔一尺有多。置之榻上，侧坐靠肘，或置薰炉、香合、书卷，最便三物。吴中之式雅甚，又且适中。

欹床

高尺二寸，长六尺五寸，用藤竹编之，勿用板，轻则童子易抬。上置倚圈靠背如镜架，后有撑放活动，以适高低。如醉卧、偃仰观书并花下卧赏俱妙。

短榻

高九寸，方圆四尺六寸，三面靠背，后背少高。如傍置之佛堂、书斋闲处，可以坐禅习静，共僧道谈玄，甚便斜倚，又曰弥勒榻。

叠桌

二张，一张高一尺六寸，长三尺二寸，阔二尺四寸，作二面折脚活法，展则成桌，叠则成匣，以便携带，席地用此抬合，以供酬酢。其小几一张，同上叠式，高一尺四寸，长一尺二寸，阔八寸，以水磨楠木为之，置之坐外，列炉焚香，置瓶插花，以供清赏。

提盒

余所制也，高总一尺八寸，长一尺二寸，入深一尺，式如小厨，为外体也。下留空，方四寸二分，以板闸住，作一小仓，内装酒杯六，酒壶一，箸子六，劝杯二。上空作六格，如方合底，每格高一寸九分。以四格，每格装碟六枚，置果肴供酒筋。又二格，每格装四大碟，置鲑菜供馔箸。外总一门，装卸即可关锁，远游提甚轻便，足以供六宾之需。

香几

书室中香几之制有二，高者二尺八寸，几面或大理石，祁阳玛瑙等石，或以豆瓣楠镶心，或四八角，或方，或梅花，或葵花，或慈菇，或圆为式；或漆，或水磨诸木成造者，用以阁蒲石，或单玩美石，或置香橼盘，或置花尊，以插多花，或单置一炉焚香，此高几也。若书案头所置小几，惟倭制佳绝，其式一板为面，长二尺，阔一尺二寸，高三寸余，上嵌金银片子，花鸟四簇，树石几面两横设小档二条，用金泥涂之，下用四牙，四足牙口鏒金铜滚阳线，镶铃持之甚轻。斋中用以陈香炉、匙瓶、香合，或放一二卷册，或置清雅玩具，妙甚。今吴中制有朱色小几，去倭差小，式如香案。更有紫檀花嵌，有假模倭式，有以石镶，或大如倭，或小盈尺，更有五六寸者，用以坐乌思藏鏒金佛像佛龛之类，或陈精妙古铜官哥绝小炉瓶，焚香插花，或置三二寸高天生秀巧山石小盆，以供清玩，甚快心目。

图版索引

后 记

感恩父母给予我一颗勇攀事业的心。我出生于军人家庭，父亲曾是历经解放战争的老革命。我还清楚地记得他说过的话：做一个有益于社会的人！父母的教诲激励着我坚守在事业进取的道路上。

感恩濮安国教授给予我对中国古典家具研究的悉心教导，是他带领我进入古典家具的研究领域。他说："把中国红木家具的发展事业作为追求，为我国传统文化研究添砖加瓦。"他说我的研究得益于生活在江南的地理优势，鼓励我要多用功，在文化研究领域中努力成长。我的确也是在对吴地文化不断感悟中攀爬提升，辛勤耕耘，乐此不疲。感恩濮教授提供资料，支持我的研究写作，他对我学术和专业的带领与帮助，我将终生不忘。

十多年我跑遍江苏全省，参与全国红木产业的调查研究，深入探索中国古典家具文化，寻求当代中国家具的设计发展之路。花梨家具是中国优秀的文化遗产，今天中国古典家具的文化研究与生产实用相结合是时代的要求，对中国花梨家具非物质文化遗产的活态保护与创制新时代的中国家具将是殊途而同归。现将研究的阶段成果发表出来，敬请批评指正。

此书的出版承蒙众多亲友的关爱和帮助，在此表示衷心的感谢！承蒙故宫博物院原常务副院长、故宫出版社社长王亚民先生的点拨指导，感恩责任编辑徐小燕、王静女士的辛勤付出，感恩苏州大学张朋川导师的提携帮助！还有众多企业家、工匠师傅们，感激之情难以言表，谨以此书献给你们！献给我的家人和为中国家具发展努力的同仁，以表达我最深切和崇高的敬意！

高峰

2019 年 10 月于云山峰石湖雅居